纺织服装
面料再造设计

CLOTHING

DESIGN

"十四五"普通高等教育本科部委级规划教材

西安美术学院2023年度校级教育教学项目

——高水平教材建设项目（2023G003）

纺织服装面料再造设计

李晰 ◎ 编著

CLOTHING

DESIGN

中国纺织出版社有限公司

内 容 提 要

服装面料是整个服装设计效果的关键环节之一，是人体与服装的桥梁，也是设计思路表达的通道。

这是一本关于纺织服装面料再造设计的实践与应用相结合的专业书籍。本书深入浅出详细地阐述了纺织服装面料再造设计的发展历程、现状，又通过对纺织面料特性的分析，进一步将纺织服装面料再造设计的设计程序及设计方法详细归纳，对再造设计案例图文并茂地进行解析。

全书内容翔实丰富，图片精美，针对性强，具有较高的学习和研究价值，不仅适合服装从业人员、研究者参考使用，也适合广大美术爱好者阅读与收藏。

图书在版编目（CIP）数据

纺织服装面料再造设计 / 李晰编著 . -- 北京：中国纺织出版社有限公司，2023.12

"十四五"普通高等教育本科部委级规划教材

ISBN 978-7-5229-1152-6

Ⅰ. ①纺⋯ Ⅱ. ①李⋯ Ⅲ. ①服装面料—设计—高等学校—教材②机织物—设计—高等学校—教材 Ⅳ.
① TS941.41 ② TS105.1

中国国家版本馆 CIP 数据核字（2023）第 196534 号

FANGZHI FUZHUANG MIANLIAO ZAIZAO SHEJI

责任编辑：李春奕　　责任校对：高　涵　　责任印制：王艳丽

中国纺织出版社有限公司出版发行
地址：北京市朝阳区百子湾东里 A407 号楼　邮政编码：100124
销售电话：010—67004422　传真：010—87155801
http://www.c-textilep.com
中国纺织出版社天猫旗舰店
官方微博 http://weibo.com/2119887771
北京通天印刷有限责任公司印刷　各地新华书店经销
2023 年 12 月第 1 版第 1 次印刷
开本：787×1092　1/16　印张：8
字数：107 千字　定价：59.80 元

纺织服装面料再造设计就目前设计领域来说似乎是一个新的概念、新的范畴。但究其根源，面料的再造手段具有非常久远的历史脉络和背景，纵观古今、源远流长。从一些留存资料和传世实物我们都可以看到，通过再造处理的面料贯穿在整个纺织服装面料的历史长河中，以不同的姿态随着纺织与服装的存在而存在、发展而发展。由于历史的更替，面料的再造方法也随之演变，逐步形成自己的体系。早在石器时代，人们就已经懂得将身上披裹的兽皮、树叶等涂抹血液、泥巴或植物、矿物汁液改变形象。同时，还会将其撕成条状物围于腰间，可以随着体态的变化来回摆动，用以防止虫叮蛇咬。这种意识形态既属于人体保护说范畴，也是人类装饰说的一种。古埃及时期，有了以褶皱层叠的方式二次开发面料的装饰性，提升服装的立体效果。殷商时期，人们就懂得了运用刺绣这一再造手段去改变面料的原有状态，增添艺术效果。巴洛克时期，面料再造方法进一步发展，人们通过添加缎带、花边、羽毛等辅料来突出和强化服装的造型，增添华贵繁复的装饰效果。当今，相关研究者们将面料再造设计环节单独提炼出来做以总结归纳并进一步创新开发，这不仅是人类历史发展的必然结果，也满足了当代纺织面料设计的实际需求。

就面料再造设计本身来看，其表现形式及使用范围广泛，无论是在实用美术还是视觉美术领域均应用深远。于是，一些机构、院校相继开始涉及此领域的研究，部分生产厂家也打破常规面料的加工模式，逐步开始研发面料的再造产品。如今，纺织服装面料再造设计极大地受到了国际服装纺织行业人士的重视。系统地将纺织服装面料再造设计的内容做以梳理，不仅符合现如今社会的需求，也是相关研究者、设计师们必不可少的一项工作任务。

李晰

2023 年 7 月

目 录
CONTENTS

第一章

概述

第一节 初识纺织服装面料再造设计 / 2

第二节 纺织服装面料再造设计的源与流 / 9

第三节 纺织服装面料再造设计的作用与研究意义 / 19

第四节 纺织服装面料再造设计的发展现状与趋势 / 22

第二章

纺织服装面料的特性

第一节 纺织服装面料的面材 / 28

第二节 纺织服装面料的线材 / 41

第三节 国际纺织服装面料再造设计特点 / 45

第三章
纺织服装面料再造设计的流程与原则

第一节　纺织服装面料再造设计的流程 / 60

第二节　纺织服装面料再造设计的原则 / 67

第三节　纺织服装面料再造设计的美学法则 / 69

第四节　纺织服装面料再造设计的构成形式 / 77

第四章
纺织服装面料再造设计的构想与表现

第一节　创作灵感来源 / 88

第二节　传统表现方法 / 94

第三节　创新表现方法 / 106

第四节　面料再造设计的其他应用 / 116

参考文献

学习目标
学习难点

了解和掌握纺织服装面料再造的概念与意义。

熟知服装发展史中纺织服装面料再造设计的表现形式。

　　服装设计是由服装的造型、服装的面料、服装的色彩三大要素组成。对于服装设计师而言，设计作品的前提是强调对这三要素的掌握与运用。尤其在当今社会现代科技高速发展的当下，服装面料更是整个服装设计效果呈现的关键环节之一，它不仅是人体与服装的桥梁、设计思路表达的通道，也是优秀服装作品外观与品质的重要环节。通常，人们在市场中见到的纺织服装面料属于面料的初次设计，它是设计师通过纤维染整、纺织、印花等工序进行的一次面料创作设计。纺织服装面料再造设计则是在面料初次设计的基础上进行的再创作。这两者相辅相成，依次递进。

第一节　初识纺织服装面料再造设计

一、纺织服装面料再造设计的定义

　　纺织服装面料再造设计又称纺织服装面料二次设计、纺织服装面料创意设计等。它是指设计师为了提升服装效果及面料特色，结合服装的艺术风格与设计款式，运用各种不同的设计思路和工艺手段在现有的纺织面料材质基础上对成品面料进行再次工艺处理，改变现有面料的外观风格，设计加工出具有新肌理效果的材质面料，激发面料本身具有的潜能，改善面料的内在性能与特色，最大限度地开发出面料的艺术美感（图1-1）。这种再造设计不仅可以对纺织服装面料的开发起引导作用，也可以使设计师在现有的面料局限中找到更多的创意空间与灵感，是强化设计意图和突出设计作品特色的重要方法之一，也是美化设计作品和表达创作者艺术思想的关键表现形式（图1-2）。

图1-1　纺织服装面料再造设计作品局部

　　作为服装表达的重要组织元素之一，纺织服装面料再造设计不能脱离设计师的设计要求而随意变化，必须根据服装的整体造型效果而进行，否则其成品就只是一件纯粹的面料艺术设计作品，这种设计与纺织服装面料再造设计属于两个范畴。由此可见，设计师们在进行纺织服装面料再造设计时，除了要了解面料的性能、突出面料特色、保证面料功能性等因素外，还需要根据服装设计的原理及多种工艺手段，将面料本身所具有的艺术潜能发挥出来，通过服装的外在表现形式提升设计作品的视觉效果与艺术感染力。纺织服装面料再造设计不仅能够改变服装面料最初的形态，还同时兼顾了艺术空间的开发和延展，增强了服装设计作品的表现力（图1-3）。

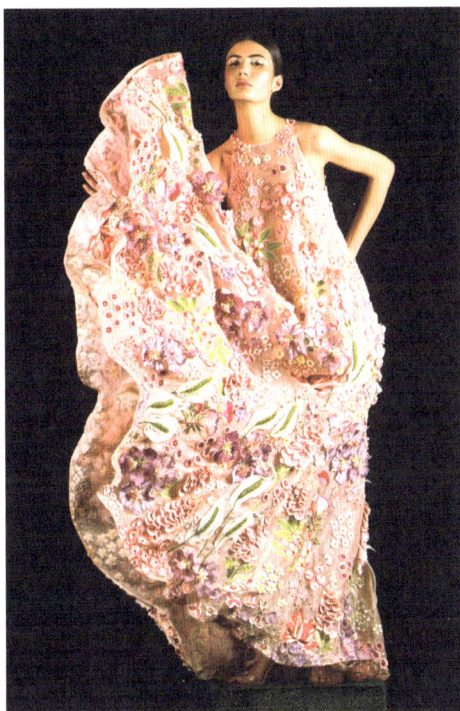

图1-2　Rahul Mishra 品牌女装

图1-3　Elie Saab 品牌女装

二、纺织服装面料再造设计与面料一次设计的区别

纺织服装面料再造设计与面料一次设计既有联系又有区别，它们两者之间相辅相成、依次递进。其区别主要有以下四个方面。

（一）突出的方向不同

面料一次设计是将纺织纤维材料通过技术加工组合构成的面料织物，突出的是面料的组织成分及结构，一般情况是采用工业化机器大批量生产完成，其市场用途较为广泛。

纺织服装面料再造设计则强调服装的艺术美感，是在面料一次设计的基础上应运而生，通过不同的工艺手段突出面料的特色，进一步将服装的独特性展现出来。因此，面料再造设计与服装设计的关联度非常紧密，通常采用个别设计、个别再造的原则。

（二）设计的主体不同

面料一次设计通常是面料设计师根据市场需求完成的面料设计。

纺织服装面料再造设计通常是服装设计师根据作品需求完成的面料设计。

（三）设计的目的不同

面料一次设计的主要目的是将面料外观直观地呈现给大众。

纺织服装面料再造设计的主要目的通常是在面料一次设计的基础上，通过不同的再造手段与方法突出展现服装的艺术特色，强调的是服装经过再造设计后面料所呈现出的新面貌。

（四）服装的运用不同

面料一次设计在服装的运用上通常由最基本的材料构成，具有普遍性。

纺织服装面料再造设计在服装的运用上具有可选择性，不是所有的服装都必须采用面料再造设计。它主要是根据设计师的设计风格以及所要强调的内容而定，具有极其强烈的独特性和原创性（图1-4、图1-5）。

图1-4　近似色调、近似材料的面料再造设计作品局部

图1-5　Giorgio Armani Prive 品牌女装

三、纺织服装面料再造设计的条件因素

纺织服装面料再造设计最终的艺术效果会受到许多外在条件因素的影响，主要有如下七个方面的内容。

（一）受材料性能的影响

纺织服装面料再造设计最基本、最重要的条件因素主要取决于纺织材料的性能。其材料特点直接影响服装面料再造的效果，对于服装的设计走向有着决定性的导向作用。不同的纺织材料由不同的物质组成，经过再造处理后会产生不同的艺术效果，层次感和拓展性极强，其效果也千变万化（图1-6、图1-7）。

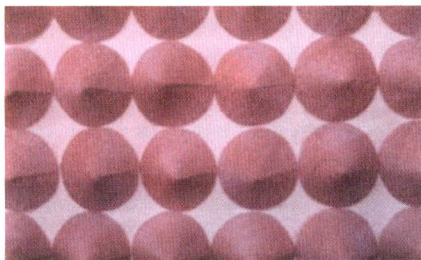

图1-6　不同材料的纺织服装面料再造设计作品局部　图1-7　Yanina Couture 品牌女装

可用于服装面料再造设计的纺织材料有很多，通常以纤维材料和非纤维材料进行分类。

（1）纤维材料通常分为四类：①纤维集合品，包括毡、无纺布、纸、棉絮等。②线，包括缝纫线、编织线、刺绣线、纺织线等。③带，包括织带、编织带等。④布，包括针织布、机织布、编织布、网眼布、花边等。

（2）非纤维材料通常分为四类：①人造皮革，包括合成革、人造革等。②合成树脂产品，

包括塑料、塑胶等。③动物皮革或动物皮毛、羽毛，包括所用动物的毛皮。④其他材料，包括橡胶、木质、金属、贝壳、玻璃等。

纺织服装面料再造设计所需要的材料通常都是在纺织材料的基础上根据服装设计需求拓展开发出来的，因此必须具备可穿性、舒适性、功能性和安全性等因素。

（二）受材料认知度影响

通常，在进行纺织服装面料再造设计的前期，首先要求设计师对所再造的纺织材料的组织结构、性能特征等具有非常熟悉的认知。只有完全了解了纺织材料的特点才能更好地将再造手段运用到极致。掌握不同的纺织材料性能，具备对这些材料的综合处理能力是设计师设计出一件好的服装设计作品的基础。只有不断地挖掘和开发纺织材料的表现形式，才能更好地突出纺织服装面料再造设计的优点，才能更加完美地将这一方法与服装融为一体，发挥出最佳的艺术效果（图1-8）。

图1-8　Rami Al Ali 品牌女装

（三）受服装用途的影响

一件成功的服装作品在进行面料再造设计前，首先要确定其用途方向，也就是要确定服装的使用功能、审美人群、社会价值等，这些信息直接决定纺织服装面料再造的艺术风格和再造方法。只有服装设计师对创作目的足够了解，才能更好地掌握消费者与服装使用场合等因素的差别，才能贴切地做到服装设计强调的是艺术性还是实用性，真正做到设计的严谨与完善（图1-9）。

（四）受审美观念的影响

随着人们生活水平的日益提高，大众的审美需求与观念也在不断地变化，普通的服装设计及面料状态已经不能满足市场消费者的眼光。纺织服装面料再造设计随之应运而生，给设计师提供了更为广阔的发展空间，使人们的审美需求得以满足，于是拓展出更多的纺织服装面料再造设计手段与方法，更为贴近市场需求。因此，设计师在进行纺织服装面料再造设计的时候，一定要注意设计理念是否与人们的审美观念、生活方式相契合（图1-10）。

图1-9　Miss Sohee 品牌女装

图1-10　Giorgio Armani Prive 品牌女装

（五）受流行因素的影响

流行因素是直接影响纺织服装面料再造设计的风向标。纵观古今，无论西方还是东方，

面料再造的方法和风格都与当时的流行因素
分不开,它与各时期的文化艺术、流行时尚
息息相关,这也是纺织服装面料再造设计的
重要发展因素之一(图1-11)。

(六)受科技发展的影响

　　随着科学技术的不断发展与创新,纺织
服装面料再造设计的方法与手段也在不断地
变化。根据历史脉络,我们可以了解到每
一次的材料和技术革命都促进了纺织服装
面料再造设计的发展。一些压褶、抽丝、双
织、拼接等一次面料设计的革新,能使再造
设计的创新发展提高到一个新平台、新高度
(图1-12)。

(七)受其他因素的影响

　　社会的变革必定会带来生活的变化。人
们生活中如战争侵略、灾难爆发、政治变革、

图1-11　Juana Martin 品牌女装

经济危机等因素都会对纺织服装面料再造设计造成或多或少的影响。人们把这些因素的
变化融入再造的设计理念之中,反映不同的社会风尚(图1-13)。

图1-12　Issey Miyake 品牌女装

图1-13　纺织服装面料再造设计作品局部

第二节　纺织服装面料再造设计的源与流

纺织服装面料再造设计这一概念出现于 21 世纪初期，但其表现形式随着服装和面料的变化而不断拓展，在整个服装发展史中贯穿始终。

服装是社会风尚的表现形式之一，各种思想意识和人文风尚都会在其中有所反映。服装从源起到各时代多样丰富的发展，绝不只是满足人们生活需要的器物，它既是人类为了生存而被创造的物品，也是人们在社会活动中的重要精神体现。作为物质文化，服装与人们的生产方式、生活方式紧密联系，不同历史时期的服饰，反映着不同时代的生产水平和科学技术水平；作为精神文化，服装又是纺织面料的载体，体现了不同时期、不同地区、不同民族、不同社会阶层的观念意识形态、精神面貌、生活情趣、审美观念和象征意义，它包含了经济、政治、科学、文化、民族关系和中外关系等诸多方面的内容。纺织面料的变革与发展不仅是人类文化与历史的体现，也是科学技术与艺术相结合较为直接的表现。因此，它的发展反映的不仅是某一文化体系的发展，更是体现了整个社会历史的发展。

就服装本身来说，它是一门古老而又年轻的艺术，涵盖三大要素，即服装的造型、服装的色彩和服装的面料。无论从服装的实用性还是视觉效果分析，很大程度都要依赖于纺织服装面料的性能及外观来表现其服用的效果和艺术魅力。由此可见，纺织面料再造设计是服装的表现形式与着装效果体现必不可少的重要环节之一，完善和创新服装面料是提升、丰富服装整体效果的关键（图 1-14、图 1-15）。

图 1-15　纺织服装面料再造设计作品局部

图 1-14　Yanina Couture 品牌女装

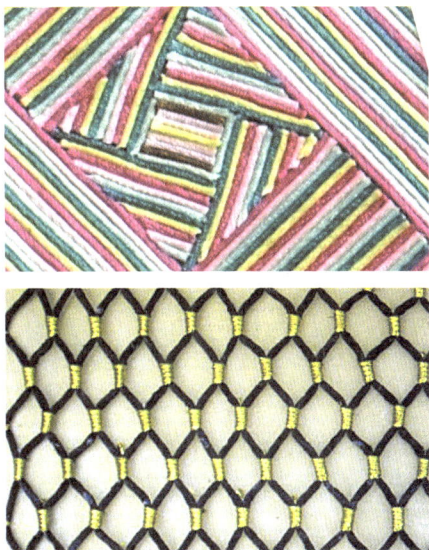

一、中国古代纺织服装面料再造设计发展脉络

《后汉书·舆服志》对中国服饰面料的起源有这样的阐述："上古穴居而野处，衣毛而冒皮，未有制度。后世圣人易之以丝麻，观翚翟之文，荣华之色，乃染帛以效之，始作五采，成以为服。见鸟兽，有冠角髯胡之制" ❶。早在石器时代，人们为了保护自己不受伤害及装饰崇拜等原因，除了将动物的血液、泥浆以及植物、矿物汁料等物质涂抹在兽皮、树皮、树叶上用于披裹身体外，还会将其撕成条状围于腰间避免虫叮蛇咬。无论这种行为在当时属于人体保护说还是装饰说，但可以肯定的是，改变材料原始母本特性的方式其实已经构成了纺织服装面料再造设计的雏形。

经历了人类披裹材料的原始服饰阶段，骨针的出现和织物的应用，使服装面料具有了划时代的意义，成为人类智慧在服装史上呈现的璀璨之星。纵观历史，纺织品的发展脉络源远流长，中国纺织织物的出现最早可以追溯至史前文明。考古工作者们根据出土陶器上显示的印迹分析，七千年前我们的祖先就已经能够运用平纹、斜单经绞纱、双经绞纱等编织方法织造纺织品。根据有关服饰纹饰记载最早的典籍《尚书·虞书》可以了解，舜禹时仲雍就已开始穿着带有图腾纹饰的服装参加祭祀活动，可见服装上出现纹样装饰早在此时就已经出现。但由于年代久远，没有实物可以了解当时的纹饰具体是何种形象，只能从古书典籍中一探究竟。目前发现最早的丝织品实物绢片距今已有 4700 年之久，其织造技术精良、面料图纹细密，可以看出早在几千年前中国人民已经熟练掌握了缫丝绢纺之技术（图 1-16）。

图 1-16 絣锦（唐，都兰热水出土）

殷商时期，在面料上刺绣纹样的花纹织衣已普遍存在。《管子·轻重甲》中有这样的记载："昔者桀之时，女乐三万人，端噪晨乐，闻于三衢，是无不服文绣衣裳者。" ❷ 在许多出土的该时期人物雕像的服饰上至今均可以清晰地观察到。这个时期，无论服装款型还是面料装饰阶级性极为层次分明，均被统治阶级掌控，是王权与地位的体现，具有非常明显的政治目的性。

周朝，手绘工艺技法则比较流行，在当时的帝王服饰上手绘工艺已达到较为完美的程度 ❸。据《考工记》载："画缋之事，杂

❶ 范晔撰，《后汉书·志第三十·舆服下》，中华书局，1965 年，第 3661 页。
❷ 管仲著，《诸子集成》，上海书店出版社，1986 年，第 389 页。
❸ 佚名著，俞婷编译，《考工记》，江苏凤凰科学技术出版社，2016 年，第 61 页。

五色……后素功"，将手绘工艺的技法做了明确注解。

随着历史的发展，春秋战国时期的绘画技术与植物染色技术也在不断提高，从"楚帛画"和"汉帛画"就可以知晓当时的面料装饰技术已经达到非常令人惊叹的境界（图1-17）。此外，这一时期印花工艺也应用广泛，其中以凸版印花工艺最为盛行。所谓凸版印花，就是将木板雕刻出图案，涂抹染料，像盖印章般将纹样压印于面料之上。

秦汉时期各种染色及织绣等装饰方法更为多变，汉代更是达到了纯熟的高度（图1-18、图1-19）。承接前朝的"凸版印花"，这一阶段西南地区的少数民族已经熟练地掌握了面料的防染技术，极大地丰富了纺织服装面料的艺术品类。尤其是蜡染花布的工艺水平已经达到精湛的高度。

隋唐时期，不仅印染工艺和织造水平全面发展，同时面料的装饰方法也达到了非常高的程度，是我国织绣等再造技艺的重要阶段，起到了承上启下的关键作用。这个时期通常采用绣、挑、补等方法在服装的衣襟、前胸、后背、袖口等部位进行再造装饰。唐代时期人们已经可以通过纬丝起花，利用经纬两层织物的变化，将花纹织成凸起的"袋状"，使面料呈现出立体的效果。隋唐时期，绞缬、蜡缬以及夹缬工艺逐步取代了前朝的手绘和凸版印染技术，人们常常采用这些防染手段对服装面料进行装饰，成为当时继刺绣

图1-17　汉帛画（西汉，长沙马王堆出土）

图1-18　长寿绣（西汉，长沙马王堆出土）

图1-19　印花敷彩纱（西汉，长沙马王堆出土）

之后最受人们喜爱的纺织服装面料再造形式。所谓绞缬，也叫撮缬、撮晕缬，现代人称为扎染，即用线绳将面料捆扎或缝缩抽紧绑牢，再置于染料浸染获取纹样。所谓蜡缬，也叫腊缬，现代人常称为的蜡染，即用蜡刀、蜡壶等工具将蜡液在面料上绘制图案，脱蜡后获取纹样。所谓夹缬，就是现代人常说的夹染，即将两块木板雕出图案，将面料置于其中绑紧后放入染缸中浸染，最终获取纹饰（图1-20）。

宋代，织绣等技术在前朝的基础上不断突破和提升，达到了另一个兴盛的高峰。宋徽宗于崇宁年间（1102~1106年）在都城汴京（今开封）设置了专科机构——文绣院，专门为皇家制作刺绣服饰及各种装饰绣品，以至于涌现出大批著名的刺绣艺人：思白、墨林、启美等，迄今为止仍被传颂。在唐代"接针"绣法的基础上，又出现了"滚针"，更加转折灵活且不留痕迹。水田衣，源于唐代，兴于明代，是宋代最为典型的纺织服装再造实例。

"水田衣"也被称为"百家衣"，是通过将各式面料碎片拼接缝合出色彩各异、图案交错、纵横如水田般的服装。水田衣的出现，极大地突破了中国传统服饰面料再造的格局，不再只是单一地强调在面料上绘制或刺绣纹样，而是将面料打散、重组，以较为大胆的模式形成新的服装面料款型，为后世我国的纺织服装面料再造发展起到了深远影响（图1-21）。

明清时期，织绣品类的突破使中国纺织品的织造水平达到了世界巅峰，这一时期通过陆上和海上"丝绸之路"使"丝国"之称的中国织绣响彻世界，为我国与欧亚各国之间的政治、经济、文化等的发展构建了非常重要的平台（图1-22、图1-23）。

图1-20 朵云小花纹蜡缬绢（唐，吐鲁番阿斯塔那出土）

图1-21 水田衣绘本

图1-22 刺绣捧螺侍女（明，纽约大都会博物馆藏）

图1-23 刺绣仙鹤补子（清，私人收藏）

由于我国在服装的外在表现形式上，更注重和强调纺织品本身的视觉肌理表面装饰效果，所以长久以来纺织服装面料的再造设计形式都是以改变面料的织造门类以及刺绣方法等为主要方向。随着纺织业的不断发展，出现了品种繁多的提花面料和刺绣面料等，做工精良、花色繁复。

二、西方古代纺织服装面料再造设计发展脉络

纵观西方服装史，其服装款型变化从 X 型、A 型、O 型，到 H 型等，包罗万象、无所不有。随着生活水平的不断变化，人们的审美意识也逐步提高，单纯从造型上改变艺术效果，已经不能顺应大众的审美需求。因而，在当今社会真正有特色、被认可的服装除了其自身款式、色彩、图案的设计魅力外，纺织面料的创新设计与研发成为服装发展的关键组成部分，越来越彰显出其不可替代的重要地位（图 1-24）。

图 1-24　纺织面料再造设计在服饰中的应用

古罗马时期，人们通常喜欢将白色亚麻布压成褶裥包缠在身上，在强烈阳光的照射下，这些缠裹于身上的层叠褶裥形成了对比强烈繁复的立体层次和明暗效果，构成了古罗马服饰雕塑般的魅力（图 1-25、图 1-26）。这一艺术风格一直延续至今，影响着现代服装设计师们的艺术审美，我们从许许多多的优秀设计作品中就可以看出。受这些立体造型的影响，现代服装设计师们通过褶皱、折叠、雕刻等多种方法，使服装面料的表面产生凹凸起伏的肌理，制造出浮雕般的艺术效果（图 1-27、图 1-28）。

图 1-25 古罗马幸运女神雕塑   图 1-26 行政官员雕塑   图 1-27 服装设计作品中的褶皱设计

图 1-28 褶皱纺织面料局部

由此可见，运用褶裥变化进行面料再造的方式也是古人纺织面料再设计早期的典范。与此同时，由于生产力的极大发展，纺织织造技术不断提高，许多纺织面料的品种也随之扩大。

从中世纪、文艺复兴到近代这漫长的时期中，国外的纺织服装面料材质经历了从优雅清丽到繁复华丽的过程。人们不仅在基础面料上做精美的刺绣，而且逐步镶嵌珠宝、缝贴动物裘皮以及加装层层叠叠的花边等用以增加服装效果（图 1-29）。

图 1-29 添加华丽装饰的西方女子服饰

中世纪（476~1453年）的拜占庭帝国时期就将繁复华丽的刺绣装饰运用于服装面料，并在衣服的领口、袖口等重要部位和衣缘部分镶嵌各式珍珠、宝石等。罗马式女装布利奥德（Bliaud）更是在领口边缘用金银线缝缀出凸纹装饰（图1-30）。

11~12世纪的罗马式时期，出现了纵向细褶形成的服装面料装饰。同时，人们除了继续在服装的重要部位及衣服边缘刺绣外，同时也开始使用带饰装饰袖口和领口。

13世纪以巴黎圣母院为标志的哥特式建筑很快从法国波及整个欧洲，受其影响，服装面料装饰多采用纵向褶皱使穿着者显得修长。衣襟下端多采用锯齿等锐角形式。

14世纪是文艺复兴思想的萌芽时期，当时盛行把家徽图案缝缀于服装进行装饰。家徽图案一般都在规定的盾形中表现，纹样题材以动、植物为主，鹰与狮子最为常见，也有日、月、星辰与人物图案。

15世纪，出现了大量的切口装饰（slashed decoration），打破了之前固有的只是在纺织服装面料上以添加为主要再造设计手段的模式，使西方的服饰在常态化触觉肌理再造的基础上有了极为突出的变化，形成了这一时期纺织服装面料再造设计独特的艺术风格。切口装饰也叫镂空装饰，所谓切口（slash），是指裂口、剪口或开缝。通常的

图1-30 罗马式女装布利奥德

切口方法是将衣服的开缝处如袖子、前襟等部位剪成一道道有规律的开口，从这些剪开的开口透出内衣的质地和颜色，突出服装的层次性和立体感（图1-31、图1-32）。这种再造方法在如今的一些服饰设计上依旧使用，是纺织服装面料再造设计非常重要的方法之一。

图1-31 有切口装饰的男孩

图 1-32　袖子带切口处理的服装

　　15 世纪纺织服装面料再造设计手段通常以毛皮镶边、抽纵以及折叠的装饰形式突出服装的层次感与华丽性（图 1-33）。这种方法一直延续到 16 世纪，成为当时非常时髦的服饰样式。

　　17 世纪巴洛克时期，是纺织服装面料再造设计飞速发展的时期。这个阶段人们除了在面料上大量运用缎带、花边、羽毛等装饰外，还将各种花色的面料裁剪成条状，做成花结或圆圈，层层叠叠地缝缀于服装所需部位，形成极为繁复华丽的立体装饰效果，成为当时上流社会女性竞相采用的服装样式（图 1-34）。

图 1-33　杨·凡·艾克（Jan van Eyck）作品《阿诺芬尼的婚礼》（1434 年）

图 1-34　巴洛克时期女性服饰

　　18世纪洛可可时期，通常除了在面料上缝缀花边、花结、羽毛、金属亮片等，还将面料进行多层次细褶装饰，并在袖口的褶裥处镶嵌金属边、装饰五彩镂空丝边以及蕾丝花边等，进一步强调服装的华丽性与繁复效果。到1870年以后，服装的褶皱已经出现横向、斜向以及多层次装饰，说明了纺织服装面料再造设计的发展也推动了服装工艺和款型的变化（图1-35）。

　　由于中西文化的差异，于是引发了审美的不同。因此，在服装艺术表现形式的追求上也截然不同。中国人强调的是面料的质感、色彩、纹饰以及礼法和内涵。无论历朝历代的更替，人们的侧重点始终在服装的这些层面体现，尊崇形色的"寓意"、强调服饰的"尊卑"（图1-36）。与之相反，西方国家更侧重的是服装造型美感，强调面料的空间艺术效果和人体结构。因此，西方的纺织服装面料再造设计形式更为侧重肌理效果。

图1-35　女性服装的褶皱装饰出现了多样变化

图1-36　八达晕锦（清，北京艺术博物馆藏）

　　这一审美模式也波及亚洲其他一些国家，如日本、韩国、泰国等。受中国艺术审美的影响，亚洲地区的纺织服装面料再造设计始终如一延续着视觉肌理上的变化。所有的调整和发展只是在原有纺织服装面料造型基础上增添了更为新颖别致和品种繁多的纺织织物，例如薄如蝉翼的纱罗、多彩相间的晕锦、变色的羽毛织物以及更加精美绮丽的刺绣等，没有像西方国家在纺织服装面料再造设计的形式上发生变化巨大的改革（图1-37）。

图 1-37　日本和服腰带（私人收藏）

三、当代纺织服装面料再造设计发展脉络

20 世纪，随着科学技术的不断提高，新材料、新工艺也在不断飞速发展，越来越多的纺织面料呈现出来，一些新型综合性纺织服装面料迅速被改革创新，为再造设计提供了更为广阔的设计空间。人们已经不仅仅局限于天然材质的运用与延续上，各种化学纤维制成的纺织面料逐渐被人们开发、使用，极大地丰富了服装设计师们的设计作品。纺织面料的变革给人类、给社会带来的震撼是前所未有的，它与我们的生活息息相关、紧密相连，纺织服装面料的每一个变化都会带动服装设计概念的变革。对纺织服装面料的开发与创新，将现代艺术表象形式中夸张、抽象、变形等元素融入其中，必将是当代纺织服装面料再造设计的发展趋势。新技术、新思路是纺织面料未来发展的必然趋势，设计师们有效地应用好面料的再造设计是把握未来服装流行趋势的关键。

20 世纪 30 年代，人们不仅开始在服装上拼接不同花色、质地的面料，同时也开始将皮、毛与面料搭配组合运用于服装的装饰部位。

20 世纪 40 年代，一些服装上出现了整张狐皮或小羊皮装饰的纺织服装面料再造设计的形式，通常运用于女性晚礼服。

20 世纪 50 年代，美国首次出现了在编织面料上添加刺绣、金属物、玻璃球等装饰手段，使服装更具时代特色。

20 世纪 60 年代，由于市场的需求，纺织服装面料再造设计在这一时期得到了很大发展。设计师们开发出更多新颖的手段，如皮毛透孔、皮革压花、牛仔镶嵌、金属叠加等，成为这一时期服饰流行的方向。同时，这一时期的许多设计师在纺织服装面料再造设计上开始大胆尝试使用非纺织材料，突出前卫时尚的另类效果。

20 世纪 70 年代，时装界涌现出一批日本籍著名服装设计师如三宅一生（Issey Miyake）、川久保玲（Rei Kawakubo）、山本耀司（Yohji Yamamoto）等，他们将纺织服装面料再造设计运用到了出神入化的地步，为世界服装设计界带来了前所未有的视觉震撼（图 1-38）。

20 世纪 90 年代，一些如塑料、合成纤维等材料被运用于纺织服装面料再造设计之中，进一步大胆尝试了混合搭配给服装艺术所带来的独特效果，使设计师的眼界及思路广泛拓展，为再造设计的发展提供了有利平台（图 1-39）。

图 1-38　Issey Miyake 品牌男装　　图 1-39　Issey Miyake 品牌女装

未来，随着时代的进步，设计师将继续充实、拓展纺织服装面料再造设计，发挥其艺术潜能，给大众呈现出最为出彩的篇章。

第三节　纺织服装面料再造设计的作用与研究意义

一、纺织服装面料再造设计的作用

纺织服装面料再造设计是服装设计的载体，不仅是当代服装设计不可或缺的关键组成元素，也是服装设计的灵魂，具有非常重要的作用。虽然，新产品、新技术在当今纺织领域不断地发展扩大，各色新型的纺织面料被相关机构、厂家研发推出。但设计师们更希望也更侧重在纺织面料材质上突出和强调自己的设计理念，异军突起而不落俗套，因为将已经上市的大众材料直接使用会降低设计师的艺术独特性与设计局限性。此外，消费者的眼光永远是挑剔的，当纺织面料的外观形态、色彩、花纹图案达到一定程度时，人们就会不满足目前的状态，势必会对其提出新需求、新标准。于是，纺织面料的再造设计与研发则变得尤为重要。纤维材料与技术的提高促使设计师们必须重新定位和审视自己的设计作品，及时调整和完善自己的设计思路（图1-40）。

图 1-40　近似色调、近似材料再造设计作品局部 1

服装是材料的艺术，特别是在现代服装设计领域这一点显得尤为突出。随着国民消费行为的日益成熟，原本那些在服装设计中只考虑图案、色彩、款型等传统意义上的设计模式以及盲目追求国外服装设计体系的趋势已成为过去，具有创新理念、强调艺术特色的全方位设计产品才能真正被市场认可和接受。由此可见，纺织服装面料再造设计的研发和创新是实用美术与艺术创作的多元化元素结合，它不仅是人们生活的物质基础，也是社会发展的一个缩影（图1-41）。

图 1-41　近似色调、近似材料再造设计作品局部 2

随着时代的不断发展，纺织服装面料作为纺织产业的上游产品，在纺织市场中占有越来越高的地位。因此，企业、设计师、消费者也越来越多地关注面料品种的创新性与特殊性。但由于各种因素的制约，特别是急于求成的心态，使我们的许多设计师在艺术设计中依然过多地注重造型、色彩以及图案等方面的变化，而忽略了纺织面料本身所具备的潜在开拓特质，无形中使设计出来的艺术作品显得平淡而毫无特色。不由得在创作设计中我们就有了新的思考，把更多的注意力转移到纺织服装面料材质的运用和面料再造设计创新上，才能突破设计瓶颈，彰显艺术特色。将现代艺术和后现代艺术的观念融入纺织面料的更新设计中，这将是我们设计师研究与应用纺织服装面料再造设计的重要目标（图1-42）。

图 1-42　纺织服装面料再造设计作品

综上所述，纺织服装面料再造设计是当今社会服装设计必不可少的重要环节，起着不可或缺的作用。其作用可以具体归纳为以下四点：

（1）能够提高服装的艺术层次。

（2）能够突出服装的美学特点。

（3）能够强调服装的设计效果。

（4）能够增加服装的附加值。

二、纺织服装面料再造设计的研究意义

服装设计界长久以来都是以色彩、面料、造型这三要素作为设计师的主要设计因素来进行服装的创新。但随着人们审美意识的不断提高与消费市场的不断发展，原本的基础设计元素已经不能满足大众的需求。随之而来，在面料的一次设计基础上进行材料二次创意的再造手段迅速脱颖而出，成为国际知名设计师们竞相采取的设计方法。这种方法使服装面料呈现出多种多样的变化效果，丰富和弥补了常态服装设计的局限性，更加突出和强调了现代服装的审美特色与艺术个性。

（一）在服装设计教学中的意义

随着纺织服装面料再造设计在服装设计应用中需求的不断提高，现如今几乎所有的服装设计专业都开设了这门专业课程，以此来增强课程与流行时尚的接轨，最大限度地推

动学生对新兴设计手段的理解与掌握。通过该课程的教授，使学生迅速了解纺织材料的性能，在尝试各种创新再造手段的基础上加强动手实践能力，为服装设计的进一步发展奠定良好的基础。

（二）在服装设计领域中的意义

纺织服装面料再造设计是未来服装设计领域发展的趋势，它是该领域最具说服力的设计语言之一。纺织服装面料再造设计不仅是一种装饰手段，也极大地反映出服装设计领域的设计理念与技术水平的创新。同时，在一定的范围内也能反映出市场的消费走向和审美趋势，是服装设计领域的流行风向标。

第四节　纺织服装面料再造设计的发展现状与趋势

一、纺织服装面料再造设计的发展现状

纺织服装面料再造设计从最初的原始型平面拼接到现在的复合型综合手段组合开发，其历经了漫长的演化过渡阶段。当代纺织服装面料再造设计注重三维肌理效果的艺术特征，以视觉肌理和触觉肌理为设计基础，将中西方艺术精华提炼，结合现代先进的科学工艺技术，创新出艺术美与技术美兼顾并行的面料特色。国际著名服装设计大师们根据这一发展趋势，纷纷打造能够反映自己品牌特色的服装作品，引领着服装设计界的时尚风潮。例如：三宅一生的褶皱设计、伊夫·圣·洛朗的画饰设计、瓦伦蒂诺·加拉瓦尼的带饰设计、维克多·霍斯延与罗夫斯诺伦的结饰设计、亚历山大·麦克奎恩的叠饰设计等，都是当今服装设计领域纺织服装面料再造设计的典范。

二、纺织服装面料再造设计的发展趋势

纺织服装面料再造设计是一个非常新颖且前沿的艺术表现形式。它是设计师在艺术创作中的灵感抒发及对美的追求，是以面料材质为设计对象而创作的一种艺术表现形式。面料再造设计的整体过程包括目标的确立、材料的选择、面料的开发、加工方法的确定和工艺技能的熟练运用等，体现了设计师对时尚变化的敏锐洞察力和对艺术作品完美的执着追求。纺织面料再造设计不仅是服装艺术效果视觉表达的根本，也是对纺织面料原材质创新与发展最富活力及挑战性的重要手段之一（图1-43）。

在纺织服装面料技术不断发展进步的今天，将新产品、新工艺应用于传统纺织面料

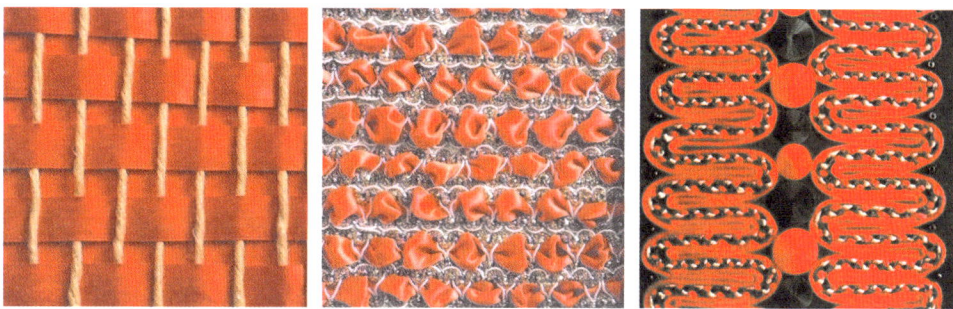

图 1-43 近似色调、近似材料再造设计作品局部 3

设计中，不仅是社会进步的需求，也是时代发展的必然结果。纺织服装面料再造设计从现代与传统中寻找市场定位，其风格明显、新颖独特的设计手段必定是最为合适和有效的设计途径与表现形式。设计师运用这一极具特色的审美理念、创新方法与崭新模式创作自己的作品、打造品牌风格、凸显艺术特色，使纺织服装面料的再造研究变得尤为重要（图 1-44）。

图 1-44 近似色调、近似材料再造设计作品局部 4

　　纺织服装面料再造设计的流行趋势必然引导着时下最前沿的服装流行。因此，纺织面料的流行趋势往往超前于实际流行一年至一年半的时间发布。在法国巴黎、德国法兰克福，每年的春夏和秋冬分别要举办两届国际面料展，引领和推动服装及其他纺织产品的流行方向。目前，我国也开始注重纺织面料的开发与研究，一些企业、研发机构纷纷拓展和完善相关领域的建制，吸纳大量有能力、有创新、有才干的设计师，结合国际流行趋势以及国内实际需求，不断开发创新纺织面料的独特艺术性，并提前发布下一季或次年的纺织面料流行趋势。同时，一些大型的面料博览会也应运而生，创新面料和特殊工艺材质层出不穷，极大地丰富了我国的纺织面料市场，为设计师独具特色的设计作品提供有利平台。纺织服装面料再造设计的发展趋势归纳总结有如下五点（图 1-45）：

　　（1）从表现形式分析，纺织服装面料再造设计的发展趋势由平面效果趋于立体感受。

　　（2）从思维方式分析，纺织服装面料再造设计的发展趋势由具象题材趋于抽象提炼。

（3）从纺织材料分析，纺织服装面料再造设计的发展趋势由一元表现趋于多元发展。

（4）从形态特色分析，纺织服装面料再造设计的发展趋势由传统工艺趋于现代科技。

（5）从再造手法分析，纺织服装面料再造设计的发展趋势由单一方法趋于组合多样。

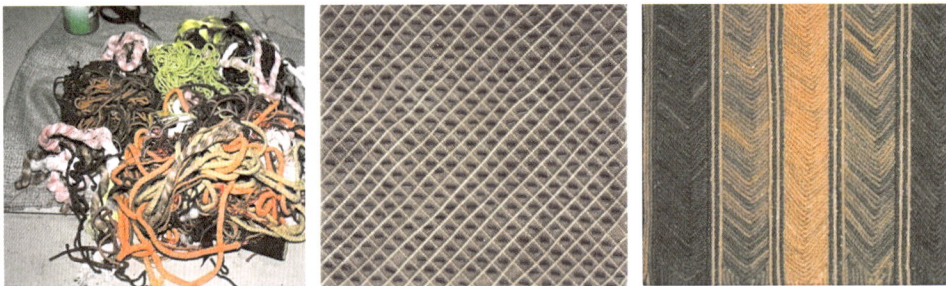

图 1-45　材料原坯再造设计后形成的创新面料

课后习题

1. 简述纺织服装面料再造设计的定义。

2. 简述中国纺织服装面料再造设计的发展脉络。

3. 根据历史更替，搜集中、西方纺织服装面料在各个时期较有代表性的图片资料
   40 幅。

4. 搜集国内外面料再造设计在服装中运用的图片资料各 10 幅。

第二章

纺织服装面料的特性

学习目标
了解当代纺织面料特性及流行趋势。

学习难点
掌握面材和线材的种类与性能。

纺织服装面料是服装面料再造设计的基本物质基础，也是体现服装设计作品特征的重要艺术表现形式之一。没有纺织服装面料就没有面料的再造设计，不同的纺织面料因纤维材料、组织结构、纱线特征及生产工艺的差异，在进行面料再造设计时会产生完全不同的艺术效果。因此，材料的特性对于设计师更好地进行纺织服装面料再造设计有着非常重要的意义，也是设计师必须掌握的专业知识之一。只有切实了解和掌握面料材质的主体性能，才能根据其特点的变化展开创作，以此获得新颖、独特的艺术效果。

通常纺织服装面料再造设计所使用的材料主要分为面材和线材两大类型。

第一节　纺织服装面料的面材

目前，纺织服装面料再造设计所使用的面材通常按纤维质地来区分，大致种类有：棉织物、麻织物、毛织物、丝织物、化学纤维织物、裘皮与皮革等（图2-1）。

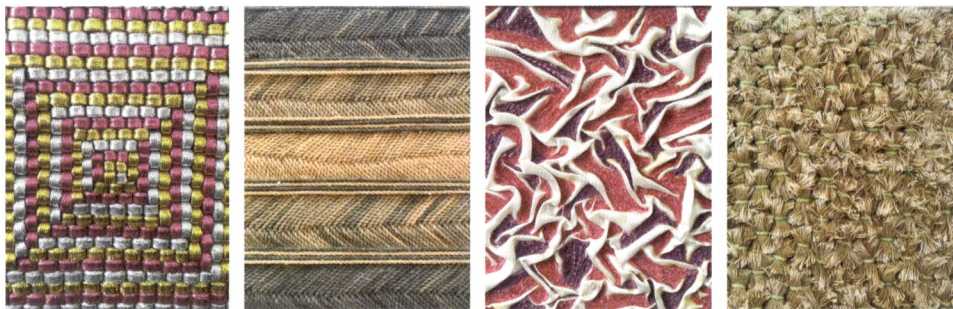

图2-1　面材小样

一、棉织物

棉织物是以棉纱线为基础原料织造而成，是纺织面料中应用最为广泛、织造方法最为丰富的主要品类。常见的有平纹织物（包括粗布、细布、府绸、麻纱、泡泡纱、毛蓝布等）、斜纹织物（包括卡其、哔叽、斜纹布、劳动布、牛仔布等）、缎纹织物（包括直贡呢、横贡呢等）、绒类织物（包括灯芯绒、平绒、绒布、丝光绒等）等。棉织物的特性是吸湿性、透气性非常强，具有柔软舒适、易于染色、色谱齐全等特质，但容易缩水、起皱、不耐磨，较易褪色。由于棉织物种类繁多，在纺织服装面料再造的艺术设计中，设计师通常都非常喜爱选择棉织物，通过褶皱、抽纱、撕拉、镶钉等再造方法凸显设计作品的风格（图2-2、图2-3）。

图 2-2　棉织物面料再造设计作品局部

图 2-3　Yuima Nakazato 品牌女装

二、麻织物

　　麻织物主要是以纤维素、木质素、果胶质等作为基础原料织造而成的韧皮纤维面料，有亚麻布、手工苎麻布（俗称夏布）、机织苎麻布等。其原料有苎麻、亚麻、黄麻、洋麻、罗布麻、槿麻、大麻等，具有质地坚韧、导热强度高、吸湿散热快、透气性好、酸碱反应不敏感、抗霉菌、色泽鲜艳、不易褪色、熨烫温度高、手感清爽等优点，但同时具有易缩水、易褶皱等特质，被称为"软质纤维"（图 2-4）。由于麻织物具有挺括、耐热等比较突出的面料特性，设计师在进行纺织服装面料再造设计时常常采用缩皱、层叠、抽纱、纳绣等方法，强调麻织物坚挺、爽利的线条之美（图 2-5、图 2-6）。

图 2-4　麻织物面料小样

图 2-5　麻织物面料再造设计作品局部

图 2-6　Jean Paul Gaultier 品牌女装，民族风情

三、毛织物

　　毛织物的品种繁多，应用最广泛的是绵羊毛。其中，精纺呢绒有华达呢、花呢、直贡呢、啥味呢、女衣呢、凡立丁、派力司等；粗纺呢绒有法兰绒、粗花呢、大众呢、海军呢等；绒类有长毛绒、驼绒等。由于其品类规格繁杂、加工形式多样，从而所呈现的面料特色也丰富多样。毛织物通常具有质地柔软保暖、丰满而富有弹性，光泽含蓄、透气悬垂，不易褪色等优点，但毛织物易缩水，有一定的毡化反应，也就是通常所说的"毡缩"

等特性（图2-7）。当今的设计师们往往会利用这一缺点，通过面料再造的手段化腐朽为神奇，让其产生特殊效果，呈现出纺织面料的独特魅力。此外，毛织物容易被虫蛀、经常摩擦会起球、长期置于强光下会令其组织受损。在毛织物的面料再造应用中，设计师们通常采用叠加、剪块、起绒、抽丝等再造方式，增添毛织物的织物纹理，突出视觉和触觉效果（图2-8、图2-9）。

图2-7　毛织物面料小样

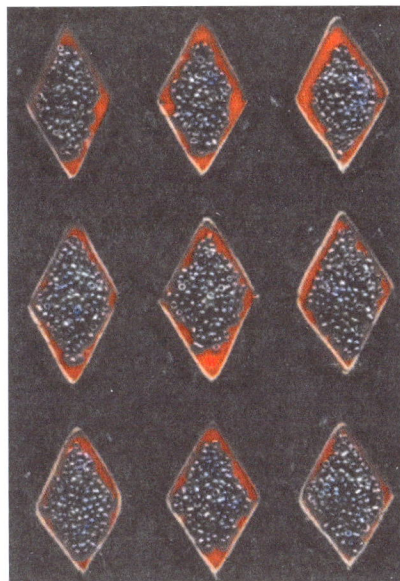

图2-8　毛织物面料再造设计作品局部

图2-9　Chanel品牌女装

四、丝织物

丝织物是指用蚕丝织造出的纺织面料。1960 年国家统一归类的丝织物名称有纱、罗、绫、绢、纺、绡、绉、绮、锦、缎、葛、呢、绒、绸等 14 大类，品种繁多、应用广泛，是全世界人民喜爱和追捧的一种面料。丝织物通常质地轻薄、柔软滑爽、飘逸灵动、光泽艳丽、悬垂感强，具有极强的吸湿、耐热、透气、耐碱性等特性，但易缩水、易褶皱、易断丝以及易油污（图 2-10）。将丝织物应用于纺织服装的面料再造设计时，设计师们常采用抽褶、镶钉、刺绣、叠加等方法，突出丝绸华贵飘逸的轻柔美（图 2-11、图 2-12）。

图 2-10　丝织物面料小样

图 2-11　丝织物面料再造设计作品局部

图 2-12　Miss Sohee 品牌女装

五、化学纤维织物

化学纤维织物是近代发展起来的纺织服装面料，主要是指将天然高分子物质经过化学处理或者有机合成而生产的一种人造纤维面料（图2-13、图2-14）。其种类丰富繁杂，通常根据纤维的来源分为再生纤维面料和合成纤维面料两大门类。

图2-13　化学纤维面料小样

图2-14　批发市场化学纤维面料小样

再生纤维面料，指将不能进行纺织加工的天然纤维素原料或蛋白质纤维经过特殊化学处理，使其转化为可纺织加工的纤维材料，我国将其统称为人造纤维。再生纤维面料通常包括粘胶纤维面料、醋酯纤维面料以及铜氨纤维面料三大类别。合成纤维面料，指以人工合成的高分子化合物为原材料，经过丝纺处理等后加工制成的一种纤维面料。

化学纤维面料种类繁多，被当今设计师广泛应用于面料再造设计的主要品类有如下七种。

（一）粘胶纤维面料

粘胶纤维面料是再生纤维面料中最常用的品种，其再生纤维素纤维主要为粘胶纤维。

　　粘胶纤维面料通常以棉短绒、木材、芦苇等天然纤维素为主材，化学合成与之相似的再生纤维素纤维，形成再生纤维面料。主要有人造棉、人造毛、人造丝等，具有较强的吸湿性，手感柔软易于上色，色谱齐全、光泽度好，但容易起皱、不挺括、易缩水、染色不均匀等特点（图2-15）。由于粘胶纤维面料起皱后不易平复这一特性，从而设计师在面料再造的时候往往故意夸大这一特点，人为加入褶皱元素，形成凸凹起伏立体的肌理变化（图2-16）。

图2-15　粘胶纤维面料再造设计作品局部

图2-16　Alexandre Vauthier 品牌女装

（二）醋酸酯纤维面料

　　醋酸酯纤维面料是由纤维素与醋酸酐发生反应后，经过纺丝织造而形成的面料。因此，这种面料悬垂感极强，与真丝面料相似，织物表面奢华繁丽，可以呈现出织锦、塔夫绸、天鹅绒等的效果。其特点是手感丝滑、光泽度强、色彩艳丽，但吸湿差、透气差。在面料再造设计应用中醋酸酯纤维面料应用很广，再造手段多样，设计师们往往利用其纤维的拉伸弹性做与丝绸面料不同的样式（图2-17、图2-18）。

图 2-17　醋酸酯纤维面料再
造设计作品局部

图 2-18　Rami Al Ali 品牌女装

（三）聚氨酯纤维面料

聚氨酯纤维是美国杜邦公司发明的一种弹力纤维，被命名为莱卡（Lycra），国内商品名称是氨纶。这种纤维通常与其他纤维共同结合织造成面料，一般不单独生产织造。聚氨酯弹性纤维面料蓬松柔软、富有弹性、不易变形。设计师们在面料再造中常常依据其特点采用多层折叠、拉伸延展等方法突出其卷曲弹性的圆润感（图 2-19、图 2-20）。

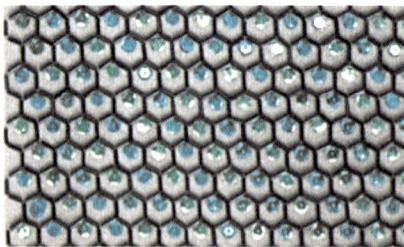

图 2-19　聚氨酯弹性纤维面料再造设计作品局部　　图 2-20　Zuhair Murad 品牌女装

（四）莱赛尔纤维面料

莱赛尔纤维是一种用纯木浆提取的新型纤维素纤维。莱赛尔纤维面料质地柔软、悬垂感强、有良好的吸湿性、水洗性以及对染料的亲和性。目前市场上已开发的品种有府绸、斜纹布、色织布等。由于其水洗后的保形效果极佳，设计师们在进行面料的再造设计时常常采用磨洗、起皱、抽纱等手段进行艺术加工，进一步强化莱赛尔纤维面料的特性（图 2-21、图 2-22）。

（五）聚丙烯腈纤维面料

聚丙烯腈纤维，在我国的商品名为腈纶，于 20 世纪 50 年代开发应用至今。由于其品貌特征与羊毛相似，质地轻柔保暖、耐日晒、绝热性强，因此也被称为人造毛或合成

图 2-21 莱赛尔纤维面料再造设计作品局部

图 2-22 Christian Dior 品牌女装

羊毛。而且聚丙烯腈纤维面料不易磨损，不易受滋生微生物的侵蚀。人造毛本身具有厚重、臃肿的感觉，在使用时添加蕾丝、丝带、彩带等辅材，可以迅速改变面料原有的特质，变得轻盈、灵动起来（图 2-23、图 2-24）。

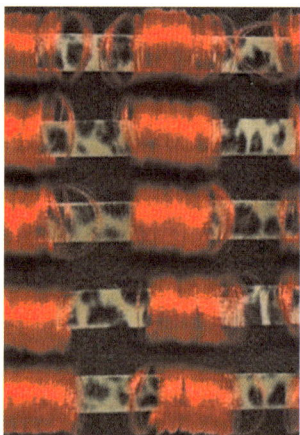

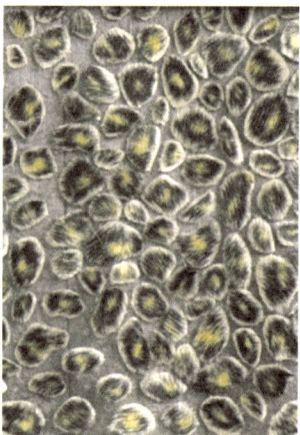

图 2-23　聚丙烯腈纤维面料再造设计作品局部

图 2-24　Giorgio Armani Prive 品牌女装

（六）聚酰胺纤维面料

聚酰胺纤维也叫锦纶、尼龙，其面料质地细腻如丝，回弹力度大，纤维强度比棉纤维高1~2倍，比羊毛纤维高4~5倍。但其耐光性极弱，常常会因为光线照射而改变面料色泽。设计师们在使用锦纶面料时，通常会利用其轻薄叠透的特质，经过拉伸、叠加、翻转等手段强化视觉及触觉上的凹凸变化，在重叠堆积的纤维卷曲中塑造繁茂、华丽之美（图2-25、图2-26）。

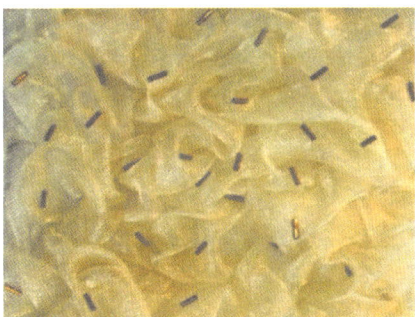

图2-25　聚酰胺纤维面料再造设计作品局部　　图2-26　Rahul Mishra品牌女装

（七）聚酯纤维面料

聚酯纤维也叫涤纶，回弹性好、耐高温、抗褶皱、吸湿性差。涤纶面料染色极为不易，必须在高温高压的环境中才能着色。该面料在纺织服装面料再造设计中应用广泛，其呈现出来的面貌特征也极具特色（图2-27、图2-28）。

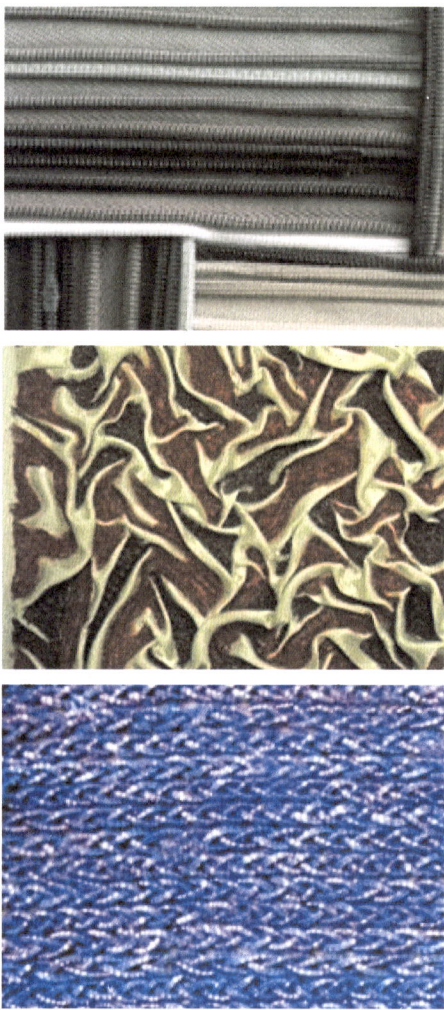

图 2-27　聚酯纤维面料再造设计作品局部

图 2-28　Jean Paul Gaultier 品牌女装

六、裘皮与皮革

　　裘皮与皮革在纺织服装面料的再造设计中应用广泛且历史久远。其面料材质性能鲜明，具有保暖、耐风寒、不易脱边、弹性大等特点。其中，裘皮类的针毛光润、底绒细密、蓬松柔软，穿时舒适轻便雍容华贵，但体态略显臃肿。皮革类则光泽柔和、手感细腻、抗褶皱、还原性强。此类面料在现代纺织服装面料再造设计中常会与其他纤维材质搭配使用，可以呈现出多种装饰风格（图 2-29）。

　　随着现代纺织服装面料技术生产手段达到一定高度后，相关的研发者又开发推广出合成皮、再生皮等一系列新型皮革面料，使这一形式的面料更加多样丰富。这种新型人造皮革面料在天然皮革面料的基础上完全改善了因尺寸、厚薄、轻重等先天条件带来的使用限制，极大地扩大了皮革面料的应用范围和商业价值（图2-30、图2-31）。

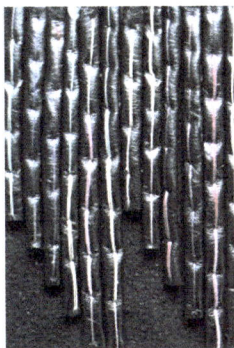

图2-29　裘皮与皮革再造设计作品局部

图2-30　Lado Bokuchava品牌女装

图2-31　人工合成皮革再造设计作品局部

目前，皮革材料按制作工艺主要分为：头层革、二层革、贴膜革、绒面革、二层绒面革等；按材料设计工艺主要分为：印花革、发泡革、植绒彩色皮革等。

第二节　纺织服装面料的线材

纺织服装面料线材的应用广泛，通常是用织针、钩针等工具将线材织物纤维弯曲折叠相互编结交织在一起形成面料。这种编结交织类面料通常伸缩性极佳、易吸湿、透气强、手感柔软、耐皱、具有凹凸肌理，但易脱散、易卷边。采用什么样的线材与最终面料所呈现的效果息息相关，线材表面的集合特征各异，如纤维长度、密集程度、毛羽、光感等因素各不相同，因此选用合适的线材对面料再造的形态与质感起着非常重要的作用（图2-32）。通常应用于纺织服装面料的线材分为传统线材与非传统线材两大类。

图 2-32　线材面料再造设计作品局部

一、传统线材

传统线材，主要是将纤维材料用各种不同的捻合方式而构成的纱线。通常有毛线、绒线、环圈线、竹节线、螺旋线、混色线、长毛绒线、波形花式线等。其手感绵软、蓬松、弹性强、色谱全、形式广。不同的线材编结，所呈现出的面料效果大相径庭，变化丰富、样貌多姿。在进行纺织服装面料再造设计的时候，设计师们不仅要熟悉各线材的材质特征，同时也要掌握纱线线型的变化效果，从而强化面料的设计特色（图 2-33、图 2-34）。

图 2-33　传统线材再造设计作品局部

图 2-34 Imane Ayissi 品牌女装，传统线材再造设计

二、非传统线材

非传统线材，是就传统线材而言的，其品类繁多、材质各异，其应用可以完全不拘泥于传统纺织服装面料用材范围，形式非常广泛。非传统线材通常有带子纱、毛边线材、筒状线材、特型线材等。此外，可以根据设计需要将现有面料转化加工，处理成各式带状物，形成面料"束"，通过不同的编结方式再造形成新的面料。由于非传统线材的形式多样，不受传统设计概念的约束，因此在纺织服装面料再造设计的选料中应用广泛，可以呈现出许多极具特色的再造效果。设计师们可以多多研发，让自己的纺织服装面料再造设计作品更加别具一格（图 2-35、图 2-36）。

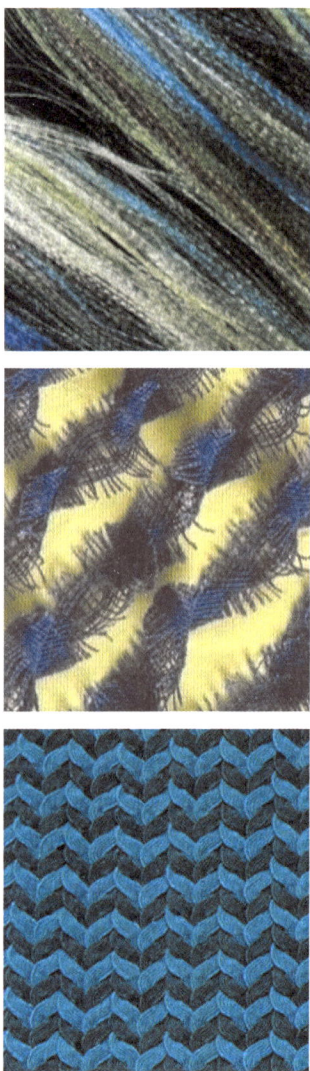

图 2-35 非传统线材再造设计作品局部

图 2-36 Yanina Couture 品牌女装，非传统线材再造设计

第三节　国际纺织服装面料再造设计特点

科技的进步促使面料不断创新。纺织服装面料在科技功能方面的突破与发展，体现了现代时尚与科技的融合。当今国际纺织服装面料再造设计的特点，逐步从前期只重视材质科技的革新与蜕变而发展至更加注重人与环境的生态美以及面料材质简单、智能、舒适等环节的提升。以流行风格与多元文化的碰撞与融合为契机，设计师通过再造设计赋予纺织服装面料全新的时代风貌与魅力（图 2-37）。国际纺织服装面料再造设计有如下七方面特点。

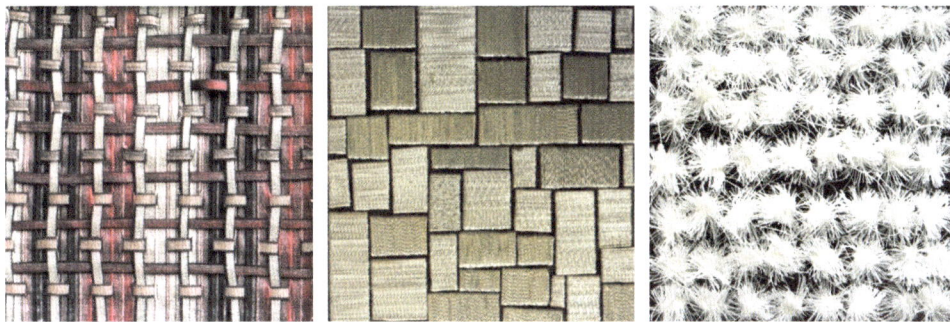

图 2-37　突破传统用材的面料再造设计作品局部

一、流行方向

（一）轻薄

轻薄化是当代国际纺织服装面料再造设计发展的流行趋势之一。其设计能够被大众所喜爱不仅仅是因为织物本身所具有的轻盈特点，而是具有非常综合的因素。

首先，轻薄化面料再造设计往往需要选材上乘，加工技术精良，织物的质量和档次要求极高，选材多为天然纤维的高支纱织物以及化纤材质的超细纤维织物等。其次，轻薄化的纺织品外观精致、手感细腻、轻透舒适、飘逸灵动，具有良好的透气性、透湿性、流动性，穿着时非常舒适，顺应了人们追求自由自在、不受束缚的穿衣要求。

据相关部门统计，从 20 世纪 80 年代以来，所有常用面料的织物重量都在做轻减。如毛纺织物平均每平方米下降了 60 ~ 80g，法兰绒每平方米由 450g 以上下降到 330g 左右，粗纺呢平均每平方米由 640g 以上下降到 500g 左右，学生呢更是从原来的每平方米 600g 以上降到了 400g 左右。

轻薄面料用于春夏季的服装再造设计时，通常表现出清爽、薄透的艺术效果，常用面料为细纺、巴厘纱、乔其纱等。轻薄面料用于秋冬季的服装再造设计时，通常表现出蓬松廓型的艺术效果，常用面料为羽绒织物、絮棉织物等。根据市场需求，设计师在进行轻薄化纺织服装面料再造设计的时候往往喜欢采用细纱、丝绸等轻盈、灵动的透薄类纤维面料，通过抽丝、烂花、叠加、褶皱等再造手段增添和强调纺织服装面料的设计美感（图2-38、图2-39）。

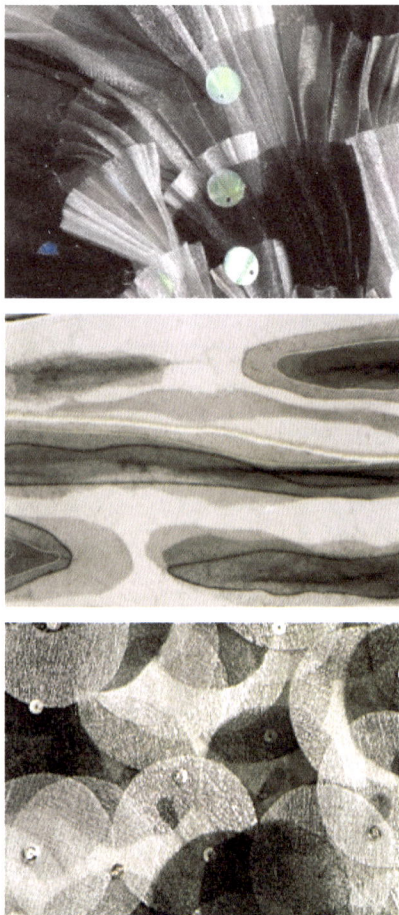

图2-38　轻薄化面料再造设计作品局部

图2-39　Yanina Couture 品牌女装，轻薄化面料再造设计

（二）舒适

现代纺织服装面料再造设计的目的之一就是舒适，它是中高档纺织面料的基本恒定要求，也是当代国际纺织服装面料再造设计发展趋势之一。它不仅涵盖了面料的伸展性、弹性、吸湿性、透气性等特点，也包括了织物的柔软性及悬垂效果等。具有舒适性的面料再造设计通常采用较舒适的天然纤维、氨纶弹力纤维、超细透气纤维等材料，经过舒适性功能整理，使面料适合当代人的穿着需求。其中，泡绉面料的研发生产不仅增加了织物表面的趣味性，同时也改善了织物的透气性和透湿性。

在进行纺织服装面料再造设计的时候，设计师通常会根据设计方案选料合适的用料及再造方法并进一步强调面料的舒适性、合理性，力求契合人体工学及活动范围，方便人们在服用时自由舒展（图2-40、图2-41）。

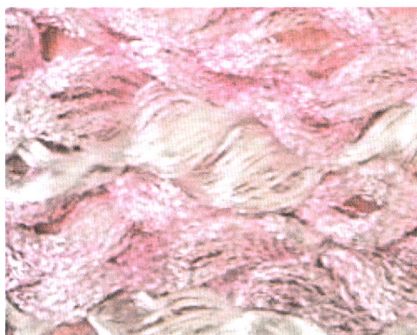

图2-40　舒适性面料再造设计作品局部　　　　图2-41　Chanel品牌女装，舒适性面料再造设计

（三）闪光

闪光类纺织服装面料再造设计强调和突出的是纤维材质的装饰性、美观性以及标识性等。纺织服装面料的闪光再造设计包括面料的全部闪光、局部闪光以及闪强光或闪弱光等几种类型。织物的闪光效果多样，有金银丝光、钻石光、荧光等，其中最受大众喜爱的通常是丝绸的珍珠光、棉麻的自然光和羊毛在光线反射下所呈现出不同强弱的鳞毛光。目前，相关研发机构也生产开发出了一些本身就具有闪光效果的织物面料，它们多通过

丝光整理、缎纹组织、经纬异色、荧光染色、有光涂层、金银丝编织、彩色有光丝织造、亮片、光泽整理、特种印花等方式来获得。但这种本身就闪光的面料在使用中并不能完全达到设计师的创新要求，因此在进行纺织服装面料再造设计的时候，设计师往往通过添加、折叠、扭曲等再造手段进一步突出闪光这一装饰效果（图2-42、图2-43）。

图2-42 闪光类面料再造设计作品局部

图2-43 Alexandre Vauthier 品牌女装，闪光类面料再造设计

（四）透明

国际市场中纺织服装面料种类繁多，在进行纺织服装面料再造设计时常选用透明面料、透孔面料、网眼面料等类型，表现透视美、朦胧美以及层次美，体现了当代社会人们追求激情、自由、活泼、奔放和个性的特点，使服用者在透而不露、似透不透间展现出自己的魅力。透明型纺织服装面料再造设计的手段多样，通常是选取线密度低的稀薄、通透织物，通过抽纱、挖花、剪花、镂空、激光、烂花等方法完成不同的面料再造设计（图2-44、图2-45）。

图 2-44 透明型面料再造设计作品局部

图 2-45 Yanina Couture 品牌女装，透明型面料再造设计

（五）花纹

花纹织物的纺织服装面料再造设计在国际纺织服装时尚界应用广泛，其强烈的装饰效果不仅可以使人获得视觉美感，同时也可以让人得到心理上的满足。

随着科技的不断进步，纺织服装面料的花纹再造表现形式日益繁多，有绣花、提花、印花、植花、扎花、剪花、烂花、烤花、喷花、贴花、磨花等，其中仅印花这一项就包含发泡印花、金银粉印花、珠光印花、变色印花、数码印花、转移印花等数十种方法，覆盖范围十分广阔。花纹类面料再造设计装饰效果极强，能够通过不同的色彩、图案、纹理等装饰因素使织物变得异常生动。不同色彩的面料带给人完全不同的感受，或兴奋或沉静、或华丽或质朴、或活泼或忧郁等。在色彩搭配上设计师应该注意各颜色之间的平衡、对比、调和、节奏、配合等因素的合理运用。此外，设计师还要注意把握花纹的风格与表现手法，从花纹风格上看，有的华贵繁复，有的清淡典雅，有的热情活泼，有的沉静忧郁；从花纹的表现手法上看，有的抽象，有的写实，有的朦胧，有的具象（图 2-46、图 2-47）。

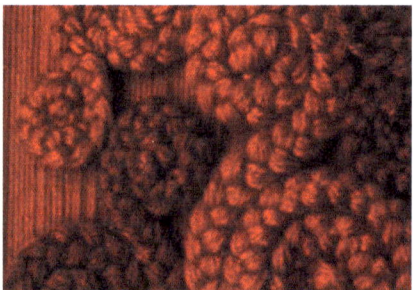

图 2-46　花纹类面料再造设计作品局部

图 2-47　Miss Sohee 品牌女装，花纹类面料再造设计

（六）质感

随着现代织造技术的不断研发提高，国际纺织服装面料再造设计的织物外观所呈现的风格特色以强调质感、突出新颖、手感丰富、种类繁多，织纹粗细厚薄、凸凹起伏、织物纹理走向以及表面肌理效应等为主要侧重点，关注这些细节因素已逐步成为这类面料再造的创新核心。目前，国际纺织服装面料产品的研发不断进步，可以将各种性能差异很大的天然纤维和化学纤维原材料进行混纺，如丝与棉、毛、麻等天然纤维之间的混纺，也有丝与涤纶、氨纶、锦纶等化学纤维之间的混纺，此外，还有天丝纤维、大豆纤维与其他各种合成纤维的混纺。通过花式线的新型织纹工艺处理，可以改善面料原有的材质特性，继而再通过印染整理，产生别具一格的特殊表面装饰效果，形成新的具有国际流行特色的纺织服装面料。质感类面料通常外观新颖、手感丰满、伸缩性强。设计师在使用这类面料进行再造设计的时候，通常会突出其面料特性，打破常态化艺术效果，强调由质感变化带来的视觉冲击力（图 2-48、图 2-49）。

图 2-48　质感类面料再造设计作品局部

图 2-49　Rami Al Ali 品牌女装，质感类面料再造设计

（七）复合

复合型现代纺织服装面料再造设计的国际流行趋势通常是改变纤维组织表面和截面的形态，使面料呈现出新的功能与效果，逐步朝双层及多层的复合织物发展。如三角形截面向着八叶形截面转换，面料的光泽与纤维的细度也会随之降低，其组织结构与手感也会相应发生变化。此外，还有轻薄面料之间的相互叠加、轻薄面料与厚重面料的叠加、厚重面料之间的相互叠加等，破除常态，手法独特。设计师在进行面料再造设计时，可以完全从设计效果出发，不考虑通用模式，强调自己设计灵感与风格的表达（图 2-50~ 图 2-52）。

除了上述流行类型面料的再造设计外，一些特殊

图 2-50　复合型面料再造设计作品局部

图 2-51　Zuhair Murad 品牌女装，复合型面料再造设计　　图 2-52　Rami Al Ali 品牌女装，复合型面料再造设计

及环保类面料也逐步在国际纺织服装面料再造设计中凸显出来。这类面料主要指能够传递光源、电源，能够吸附物质、超滤防透，能够抗菌阻燃、离子交换等具有特殊功能性的纤维面料。如以大麻、罗布麻、真丝、牛奶丝等纤维制成的内衣面料，远红外线保暖面料，抗紫外线夏季面料，导湿纤维运动面料等，这些特殊面料的开发正迈向新高度，这也正是国际面料的发展走向。此外，新世纪对纺织服装面料提出了严格要求，强调纯天然纤维，并在生产过程中力求无污染，以确保产品服用时达到对人体无害的标准。如大豆纤维，它是从榨过油后的大豆饼中的蛋白质里提炼出来的一种丝质纤维，其手感与外观跟真丝和山羊绒极为相似，与真丝、羊毛等进行混纺，面料柔软丝滑、悬垂感强、舒适透气。因此，纯天然、环保纤维织物，以及用植物染料染色和无甲醛整理的面料代表了国际面料的流行趋势。随着特殊及环保类面料在当今国际面料市场上的流通，以此为基调的再造设计必将形成一股强劲的潮流席卷整个时尚界（图 2-53）。

图 2-53　植物染色无甲醛面料再造设计作品局部

当今，随着科学技术的发展与更新，新型纺织服装面料不断大量涌现，丰富的材料也必将给纺织服装面料再造设计的研发带来更为丰富的资讯及更有挑战性的再造难度。各种新型面料的材质、性能、形状等不仅会给人的视觉及心理造成不同感受，同时也会促使材料的组织构造与装饰效果产生出新的生命力。面对纤维材质不断推陈出新，设计师需要有较强的应变能力、明确的设计思路与超前意识。

二、美学特征

（一）色彩美

纺织服装面料再造设计的重要元素之一就是色彩美。设计师在进行面料再造设计时，首先应该运用色彩美规律通盘考虑服装效果；其次还应该考虑面料色彩的实用性、经济性、艺术性、科学性、创新性、民族性、地域性、生态性、协调性等因素是否与服装相匹配。全面详细地考虑所有问题是优秀作品成功的关键（图 2-54）。

（二）形态美

形，通常是指物体的外在形状；态，是指物体内部所蕴含的"气韵""势态"。形态是任何事物极易被人感知的外在表现形式之一。纺织服装面料再造设计的形态美是指面料的造型表现形式所呈现出的艺术美感，包括面料造型特征、面料色彩表现及面料图案变化等视觉表达，如面料造型的悬垂性、飘逸感、厚实度等，面料色彩的强烈感、协调性、对比度等，面料图案的平衡性、节奏感、表现力等。运用好这些因素，才能够使纺织服装面料再造设计的形态美更加突出地呈现出来（图 2-55）。

（三）质感美

纺织服装面料再造设计的质感美是对面料造型、色彩以及材质等的综合评判，关注面料视觉质感与触觉质感的感知度是设计师在进行面料再造设计时需要考虑的重要环节，这对服装最终的效果起着关键作用。面料再造设计的质感美通常受纤维原料、纱线结构、

图 2-54　Rahul Mishra 品牌女装，呈现出色彩美

图 2-55　Zuhair Murad 女装，呈现出形态美

织物组织结构、织物整理等条件的影响。面料的柔软与挺括、轻薄与厚重、平滑与粗涩、立体与平面、密实与稀疏等质感变化是纺织面料再造设计艺术处理的重点（图 2-56、图 2-57）。

图 2-56　纺织服装面料再造设计作品局部

图 2-57 Rami Al Ali 品牌女装，呈现出质感美

三、表现特性

纺织服装面料由于其纤维组织、织造技法、结构分类的不同，其面料特性表现也各具特色。通常可以大致归纳为：天然纤维织物呈现出单一、纯粹、质朴、自然的状态；化学纤维织物呈现出复杂、多样、丰富的状态。其具体表现又各有不同，例如：棉、麻等面料表现出的是自然纯朴的风格，蕾丝、花边等面料表现出的是浪漫生动的风格，涤纶、提花织物等面料表现出的是坚实立体的风格，丝绸、起绒织物等面料表现出的是温柔淑女的风格，精纺毛织物等面料表现出的是庄重肃穆的风格，透明细纱等面料表现出的是优雅神秘的风格，富有光泽的锦缎等面料表现出的是华贵高雅的风格，闪光涂层等面料表现出的是轻快时尚的风格，毛绒型面料表现出的是华贵富丽的风格，裘皮类面料表现出的是雍容野性的风格……只有掌握了各种面料不同的表现风格，设计师们才能更好地把握不同纺织服装面料再造设计的优势，突显服装作品设计的独特性（图2-58、图2-59）。各类面料的具体表现特性归纳如下：

（1）具有浪漫特性的面料：细纱、电力纺、塔夫绸、双绉、柳条绉、巴厘纱、雪纺、双宫绸、泡泡纱、素绉缎、贡缎、蕾丝等。

（2）具有阳刚特性的面料：牛津布、粗花呢、马裤呢、华达呢、凡立丁、板司呢等。

（3）具有优雅特性的面料：贡缎、素绉缎、双绉、羊绒、天鹅绒、金丝绒等。

（4）具有运动特性的面料：牛仔布、帆布、卡其布、平布等。

（5）具有华丽特性的面料：丝绒、织锦缎、裘皮等。

（6）具有朴素特性的面料：棉布、麻布等。

（7）具有时尚特性的面料：涂层布、定型褶布、烂花绒、皮革等。

（8）具有古典特性的面料：天鹅绒、灯芯绒、法兰绒、麂皮绒、粗花呢等。

（9）具有民族特性的面料：绵绸、麻织物、织锦缎、粗布等。

图2-58　纺织服装面料再造设计作品局部

图 2-59　Zuhair Murad 品牌女装

课后习题

1. 简述纺织服装面料面材的种类与特性。

2. 概述国际纺织服装面料的流行趋势。

3. 根据授课内容采集各品种纺织服装面料再造设计的材料，了解其性能与特征。

纺织服装面料再造
设计的流程与原则

第三章 ▶

学习目标　熟知纺织服装面料再造设计的设计构思与表达方式。

学习难点　了解纺织服装面料再造设计的设计原则。

第一节　纺织服装面料再造设计的流程

　　纺织服装面料再造设计的设计流程通常由设计构思和设计表达两部分组成。设计构思，指设计师在进行面料再造设计前对作品整体的规划布局，它是酝酿、思考、规划、安排的一个过程。设计表达，指设计师根据前期的作品构思，运用相关再造手段，将设计师想要表达的设计理念与意图呈现出来的一个转化过程。

一、设计构思

　　设计构思是设计师对作品形成的思维活动，它属于较为活跃和跳动的构思过程，可能是清晰、明了的，也可能是模糊、懵懂的。有的需要很长一段时间的酝酿，有的可能是突然的灵感爆发。但无论哪种方式，都离不开平时对各种事物进行：细致的观察、丰富的想象以及灵感的凸显这三方面的归纳。纺织服装面料再造设计指设计师从内心构思到作品创造的整体过程，设计师的审美意识、设计思维、意识形态，甚至生活阅历、工作经验等的区别都会造成设计作品的差异。由此，深入生活、深入自然界，去认真观察和感悟，是设计师进行纺织服装面料再造设计的关键。优秀的设计师要善于从观察的事物中提炼、归纳，根据自己所掌握的专业知识与技能，概括出有利元素，并运用这些元素拓展设计思路，获取最佳设计灵感。当今纺织服装面料再造设计的构思方法形式多样，既可以从抽象物质中去捕捉，也可以从具象物质中去采集（图 3-1、图 3-2）。其中，对现实物质自然形态和人工形态进行收集整理，以此获取面料再造设计的灵感来源，这种方法应用甚广，如通过海洋生物形态——贝壳、卵石、浪花、海草等元素来开拓纺织服装面料再造形象，也可以通过植物形态——花草、蔬果、种子等元素来启迪纺织服装面料的再造思路。

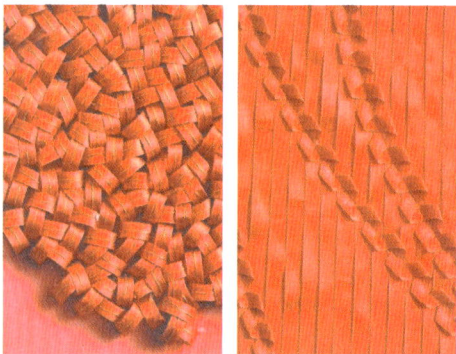

图 3-1　以浪花、海草为灵感来源创作的面料再造设计作品局部

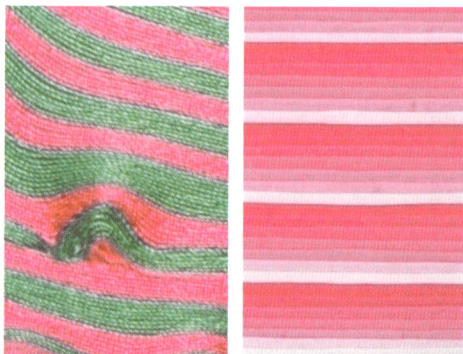

图 3-2　以阶梯、梯田为灵感来源创作的面料再造设计作品局部

　　设计师们可以从任何世间万物的自然造型中获得丰富的再造元素，相关色彩、图案、肌理等的视觉感受都是非常珍贵的设计资料来源。但要注意，纺织服装面料再造设计的构思方法绝不是随意的运用某个元素来构成，设计师们千万不能陷入简单集合构成的误区，而是要运用现代造型的设计观念和艺术表现形式对整体设计主题的原型进行重新构思和变形处理。通过再造设计方法最终实现面料的视觉创新，这一环节在面料再造设计中非常重要。设计师可以通过对材料结构、空间、光线、肌理、体积、构图、色彩等各个元素的综合研究与考评，结合自身对再造设计相关知识的深入理解，最终将自己的创作思路以及表现形态运用于面料再造设计作品中（图3-3、图3-4）。此外，对于着装对象、服装功能、服用场合、工艺加工等多方面环节也要深入构思。只有对所有内容通盘思考后，才能为后期的艺术加工打好基础。

图3-3　Yanina Couture 品牌女装

图3-4　Yuima Nakazato 品牌女装

　　通常，纺织服装面料再造设计的构思方法有如下两种。

（一）从整体到局部

　　从整体到局部的设计构思方法，首先要明确设计定位。设计师要根据所设计的服装风格、服用场合、穿着对象等限定因素去思考采用什么质地的面料，随后根据设计风格去构思采用什么类型的面料再造设计方法，以便更好地完善设计效果。这种从整体到局部的构思方法需要设计师必须了解和掌握大量各种面料的信息，以便设计师能够从整体出发，细致考虑每一个局部环节，选择最合适的内容突出服装艺术美感（图3-5、图3-6）。

图3-5　Valentino 品牌女装

图3-6　Ziad Nakad 品牌女装

（二）从局部到整体

从局部到整体的设计构思方法，是设计师根据面料的性能、风格等因素，通过发散性思维，大胆创新的一种纺织服装面料的再造设计手段。这种构思方法与第一种方法完全不同，是一种以小见大的反向设计构思模式。从局部到整体的构思方法通常没有明确的设计主题，但常会因为一个局部环节突然激发设计师的创作灵感，使设计师创作出具有独特魅力的设计作品。这种"一对多"的构思方法属于通过一种纺织面料的某一构成因素，如质感、肌理、色彩等局部环节，通过完全不协调的表达方式激发出多种不同的设计灵感，最终完成一种纺织服装面料再造设计的多样性表达。例如将厚重、粗犷的毛呢类或重磅丝绒面料与轻薄、透明的细纱质面料进行再造结合，将质朴、简约的牛仔面料和华贵富丽的织锦类面料进行再造结合等，突破常态化的面料组合模式，用一种全新的理念与思维方法从矛盾中找统一、从差异处寻相似，去诠释纺织服装面料再造设计的新构思（图3-7、图3-8）。

图 3-7　Zuhair Murad 品牌女装，局部采用纹饰

图 3-8　Rami Al Ali 品牌女装，胸部采用褶皱

以上两种模式，无论采用哪种设计构思方法，设计师们都要根据设计意图将服装的整体效果与面料再造设计的局部关系处理妥当，还要熟悉和掌握面料的材质特性，协调服装设计与面料再造设计之间的关系，这样才能更好地发挥其艺术价值（图3-9）。

图 3-9　纺织服装面料再造设计作品局部

二、设计表达

纺织服装面料再造设计的设计表达，包括设计图纸的表达和实物制作的表达两个方面。

（一）设计图纸的表达

设计图纸的表达是通过设计草图或成品效果图，将设计师的设计作品以图纸的形式表达出来，主要体现的是作者的设计思想与意图，这是作品成型的第一步。同时，可以根据需要在图纸上进行文字说明及材质小样的标注。这种表达形式具有很强的自由性和想象力，不受外在诸多因素的限制，设计师可以按照自己的艺术思维方式进行自由发挥。由于设计图纸的表达采用的是平面绘画的形式，因此需要设计师不仅有良好的绘画功底及表现技巧，还需要对面料的各种材质及组织结构有充分了解。

（二）实物制作的表达

实物制作的表达是设计师根据设计图纸，将纤维材料通过各种再造手段进行试探性制作加工，体现了设计师将面料再造设计呈现在服装上的整体效果。因此，纺织服装面料再造设计的实物制作表达，包括对面料的再制作和对整件服装的制作两方面内容。其中，对面料再制作主要体现了设计师的设计思想，对整件服装的制作是将面料再造设计的艺术魅力在服装上的完美展现。实物制作的表达是一种立体的表现形式，具有较强的直观性和视觉冲击力。设计师可以根据现场的实物制作情况对面料小样进行大胆多方尝试与调整，最终找到达到理想艺术效果的再造模式（图3-10、图3-11）。这种表达方法通

图3-10　纺织服装面料再造设计作品局部

图3-11　Valentino 品牌女装

常需要设计师在反复比对的实验中紧密结合设计图纸，根据最终的设计需求进一步完善艺术效果。

实物制作的表达方法具体有如下五种。

1. 逆向表达

逆向表达，也称为求异表达，通常是打破传统的表达定势与传统的视觉习惯来进行逆向的再造设计。逆向表达往往不落俗套，想法新奇独特，不拘一格。通常设计师在选择再造设计的面料主材时，往往会选择形象、质感、厚度一致或相近的材料，如皮革与裘皮、丝绸与薄纱等。如果我们换一个角度和思路去表达，将皮革与薄纱结合，裘皮与丝绸结合，是否再造设计出来的作品会出现意想不到的新奇效果（图3-12）。再如，线通常是用来缝合或绑扎物品的材料，如果在面料再造设计时我们将其传统用途抛开，改变其特性，在面料的创意中就会给大众带来完全不同的视觉感受。这些就是逆向表达较为有特色的求异思维的体现。

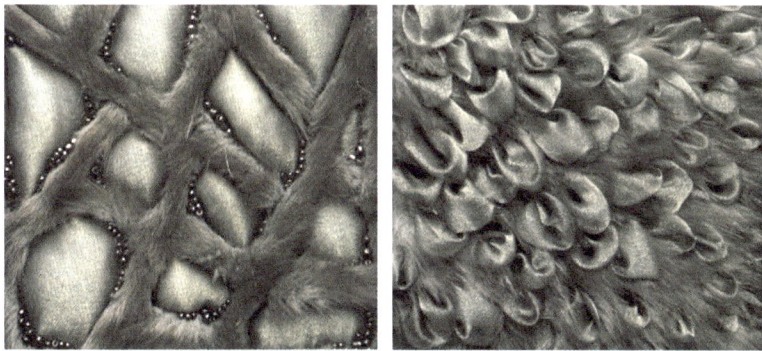

图3-12　不同面料结合的逆向表达实物制作

2. 横向表达

横向表达，指通过利用局外信息，从其他完全与纺织服装面料再造设计领域没有交集或相隔甚远的事物中获取或得到启示，从而产生新的表达形式。这种表达方法运用于纺织服装面料再设计时，主要表现为设计师在对物质信息传递的客观形象系统进行感受、归纳的先期认知基础上，根据自己主观的审美思想与科学判断，对作品进行概括与提炼。横向表达是设计师根据主观理解，运用各种表现形式、再造手段等来呈现艺术作品形象的一种表达模式，具有形象性、非逻辑性、粗略性、想象性等特点。例如，从医学领域中的细胞生物形态、排列模式等意识形态中寻找创作灵感，从而进行横向表达（图3-13）。

3. 发散表达

发散表达，又称辐射性表达，是指从已经明确或限定的因素出发，进行全方位的综合考量，再造设计出多种构想方案的表达模式，是面料再造设计中非常重要的创造性表达

图 3-13　从其他领域事物获取启示的横向表达实物制作

方式之一。通常，设计师会紧扣基础材料与设计主题，从不同角度、方向和用途等去进行思考与设想，充分发挥设计师的想象力，打破常态化设计思路，从各个角度、各个层面，全方位探寻想要表达的艺术特色。例如，从"中国风"这一特定因素出发，设计师除需要构思选取什么样的材料，还要考量如何从色彩、图案、表象形式等一系列元素入手，紧扣主题，整体表达出再造作品的艺术美感（图 3-14）。

图 3-14　从一个特定因素出发的发散表达实物制作

4. 聚合表达

聚合表达，也称为收敛性表达。这种表达模式就是在了解和掌握多种素材的基础上，以点带面，从一个方向入手，进行深入构想的表达方法。聚合表达具有一定的选择性，需要设计师在对面料进行实物制作表达的时候，根据自己所掌握的知识，对事物综合归纳和高度概括。发散表达与聚合表达相互补充，在作品设计初期，发散表达起较为重要的作用；但在后期，聚合表达的作用则更为显著。例如，设计师可以根据牛仔布、丝绸、皮革、棉布等不同的材质面料，经过再造构思设计方法，以不同的表现形式呈现出同一种风格的面料再造设计作品（图 3-15）。

图3-15　不同面料、不同再造方法呈现出同一种风格的聚合表达实物制作

5.纵向表达

纵向表达，也称为节点表达。它是通过关注同一事物的不同阶段，进行分别思考、单一运用，形成不同的表达模式，可以是一件事物完成的第一步骤，也可以停留在第二或第三步骤。例如：纺织服装面料在生产加工时，首先是纤维，其次是纱线，再次是色纱，最后再织造成面料。那么设计师就可以利用材质不同阶段的组织成分来再造设计出创新面料（图3-16）。

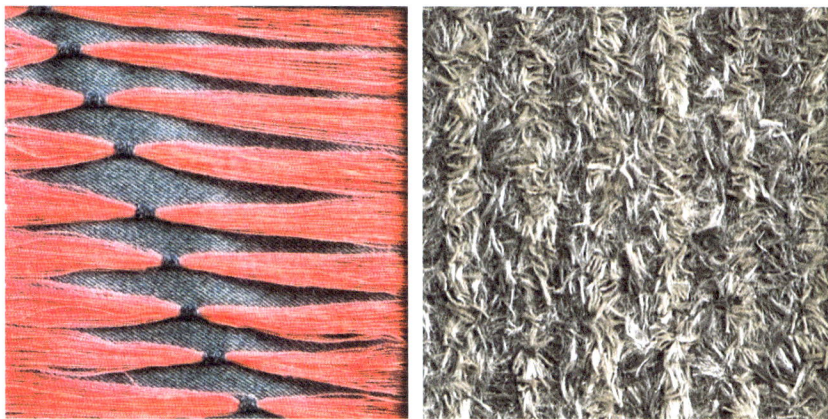

图3-16　节选事物不同阶段的纵向表达实物制作

第二节　纺织服装面料再造设计的原则

纺织服装面料再造设计是一个非常综合与全面的艺术表达过程，设计师不能单一地从

某一个方面去思量，而是在构思的时候从多角度去通盘考虑。通常，要注意把握好如下四个方面的原则。

一、服装的功能性

纺织服装面料再造设计中，最为重要的原则之一就是需要考虑如何体现服装的功能性。因为，无论再造设计加工的面料如何漂亮，都不是服装的首要任务，它与服装为从属关系，设计师必须首先考虑面料再造设计是否与服装相匹配。设计师要根据服装的实用功能、穿着群体、所处环境、艺术风格等基本特定因素来进行合理的面料再造设计，充分展现面料再造与服装设计的契合性。

二、服装的经济性

目前，服装设计通常分为两种——实用类服装设计和创意类服装设计。其中，实用类服装设计对价格成本环节的考虑较为侧重；而创意类服装设计对于成本、实用性甚至舒适度等环节的考虑则不太强调，其主要侧重点是艺术效果。纺织服装面料再造设计是服装附加值提高的关键，因此必须明确服装本身的属性，这将在很大程度上决定服装最终的经济效益。

三、面料的性能和结构

每一种面料都有各自独特的性能与组织结构特色，在进行纺织服装面料再造设计的时候，必须根据其特殊属性发挥或强调面料的风格，最大限度地发挥其艺术魅力。例如，毛呢面料容易脱边，在再造设计的时候如果需要面料边缘毛脱散、凌乱的艺术效果，则很容易达到；反之，如果需要整齐、爽利的边缘造型效果，则这类面料绝对不能选用。可见，在纺织服装面料再造设计过程中一定要注意面料的性能和结构因素，扬长避短发挥出面料的特色。

四、面料的艺术性

纺织服装面料再造设计主要是通过各种不同再造方法，将形式简单、样式单一的现成面料进行改造、变化，形成一种新型面料样式，从而增强和丰富了原有面料的艺术性（图 3-17、图 3-18）。例如，棉麻织物面料本身的艺术效果较为平淡、单一，没有太多的变化，但通过再造设计如抽纱、折叠、剪切、镶钉等方法进行改造加工，则会出现完全不同的状态，极大地提高了面料的艺术性。

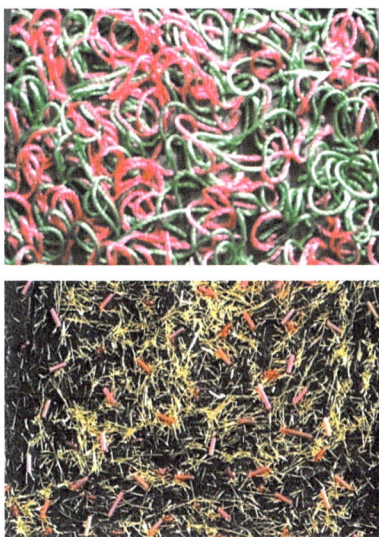

图 3-17　纺织服装面料再造设计作品局部，呈现出面料的艺术性

图 3-18　Enzoani 品牌婚纱

第三节　纺织服装面料再造设计的美学法则

纺织服装面料再造设计的美学法则，指设计师在进行再造设计的时候要明晰再造设计与服装设计的关系，强调其最终目的是应用于服装，因此要遵循艺术的美学法则来进行设计。

通常，纺织服装面料再造设计所遵循的美学法则有三大类，即形式美法则、材料色彩运用法则、不同肌理运用法则。运用这些法则，不仅能够完善和丰富纺织服装面料再造设计的艺术魅力，同时也有利于将面料与服装完美结合。如果设计师在进行面料再设计的时候，巧妙地运用这些法则，会达到事半功倍的效果。

一、形式美法则

形式美法则是人类在创造美的形式、美的过程中，对于美所呈现出的形式规律的总结归纳和抽象概括，主要包括了单纯齐一、对比调和、比例分割、节奏韵律、对称均衡以及变化统一等几个方面。设计师在制作纺织服装面料再造设计作品时，首先要注意时下的流行趋势，其次要以市场接受为主要原则，然后运用面料再设计的形式美法则来加强形式美感，通过崭新形象与新形态，使面料产生别样的艺术效果，真正达到形式美与内在美的高度结合。

（一）单纯齐一

单纯齐一，也称为整齐一律，是最简单的形式美法则。单纯代表明净、纯粹，齐一代表整齐、一致。反复、重复也属于这一范畴，是同一形式的连续出现。在纺织服装面料再造设计时，单纯齐一能给人一种秩序美，在整齐反复的联动中表达美的节奏（图3-19）。

图3-19　根据单纯齐一法则制作的面料再造设计作品局部

（二）对比调和

对比，是在差异中趋向于"异"，把异形、异色、异质、异量等组织结构完全不同的物质相并列，鲜明、对立地彰显、表达形态模样，突出或强调其各自不同的特征。对比的最终目的是强调变化、追求差异、产生区别，从而达到理想的艺术效果。可以是单方面对比，也可以是多方面对比，可以是质感间的对比，也可以是色彩、图案间的对比。

调和，是在差异中倾向于"同"。通常是把两种形象、色彩、质感等近似的物质相并列，在变化中保持融合与协调。主要是用于减弱和缓解各因素之间的对立，协调和软化各因素之间的冲突，从而达到理想的艺术效果。这种关系在设计中具有非常重要的作用。

在纺织服装面料再造设计运用中，通过对比与调和，可以形成一种既变化又协调的美感，能够给人一种柔和、安宁的平静之感（图3-20）。

（三）比例分割

任何一件艺术品的形式结构都包含着比例和分割的协调。比例，是指设计作品整体与局部、局部与局部之间的尺度或数量关系。通常，人们广泛应用的比例关系有黄金比例、

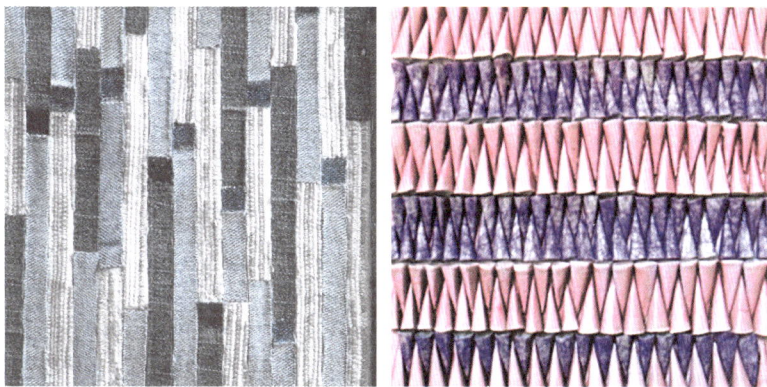

图 3-20　根据对比调和法则制作的面料再造设计作品局部

等差数列、等比数列等。分割的形式有水平分割、垂直分割、垂直水平分割、斜线分割、曲线分割、自由分割等。目前公认的比例分割形式美法则是古希腊时发明的黄金分割比例形式 1∶0.618，也就是大小或长短的比例相当于大小二者之和与大者之间的比例。相关学者将近似比例关系 2∶3、3∶5、5∶8 进行研究对比，发现这些比例关系也符合黄金分割比例所带来的视觉效果，能够给人带来心理和视觉上的美感。

比例与分割的形式美法则并不是必须或绝对的，设计师在纺织服装面料再造设计时，需根据实际要求及各层面因素灵活运用和确定比例与分割环节，真正做到既满足实用要求又契合审美习惯（图 3-21）。

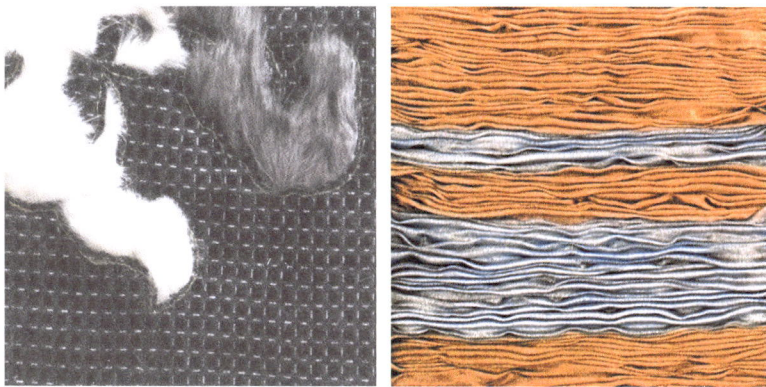

图 3-21　根据比例分割法则制作的面料再造设计作品局部

（四）节奏韵律

节奏与韵律是指在运动过程中有秩序的一种连续形式。这种律动感融会贯穿于多个领域，无论音乐、美术还是建筑、书法等都一直存在。节奏是规律性的反复，往往呈现的是一种秩序美，包括有规律节奏、无规律节奏、放射性节奏、等级节奏等。通常，音乐是通过节拍来体现节奏，绘画则是通过线条、形状以及色彩等来体现节奏。在纺织服装面料再造设计中，各构成因素之间的有序变化不仅表现为大与小、强与弱、轻与重、多与少、虚与实、长与短、曲与直等方面，也在色彩、明暗、质感等方面综合呈现。

在节奏的基础上赋予一定的情调，于是就产生了韵律。韵律也是一种有规律的变化，但更强调总体的协调与完整。在纺织服装面料再造设计中，韵律与节奏在某些环节是相似的，它们都依据形状、色彩、质感、空间等因素的变化来形成所需要的形式（图3-22）。但韵律是在节奏的基础上突出和强调艺术美感，使人进一步感受节奏的舒缓，极大地满足精神层面的享受。韵律更多的是表达灵活的流动美，它赋予了节奏的强弱与起伏，是在节奏的基础上丰富、完善。因此，节奏与韵律相互依存、互为因果。

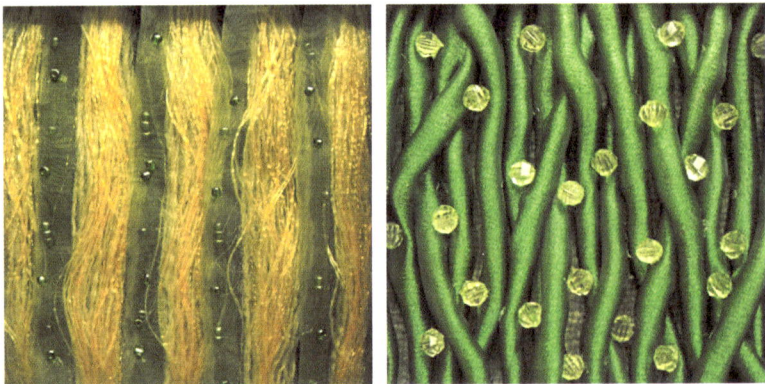

图3-22　根据节奏韵律法则制作的面料再造设计作品局部

（五）对称均衡

对称，是指各设计元素以相同的形状、色彩、质量、距离等方式依据一条中轴线或中心点为契机，采用左右对称、上下对称、斜角对称、多方对称、反转对称、平移对称等方式做一次或多次均分，能起到强调重点、聚集中心之作用。对称法则在纺织服装面料再造设计的应用通常给人带来的视觉感受是规律和稳定，但过多地采用这一模式容易为服装带来单调、呆板的艺术效果，需要避免。

均衡，是在对称法则的基础上而产生的一种变化，相对自由、随意，形体比例结构不必等同。也就是说，设计元素以异形等量、同形不等量、异形不等量等模式任意搭配，在基本稳定的基础上寻求灵活多变的形式美感。在进行纺织服装面料再造设计的时候，设计师可以根据设计需求将各元素进行多与少、大与小、轻与重、虚与实、密与疏的协调搭配，较之对称法则而言，均衡法则会给人带来明显的律动效果（图3-23）。

（六）变化统一

变化统一，也被称为多样统一、和谐变化，是一切艺术美的基本表现形式，也是构成形式美的最基本美学法则。变化与统一是同一事物两个方面的对立统一，是事物发展的根本规律，也是客观事物所具有的特性。这两者既相互对立又相互依存。

图 3-23 根据对称均衡法则制作的面料再造设计作品局部

在进行纺织服装面料再造设计的时候，设计师可以运用统一法则，将设计元素相同或类似的组织相结合，形成完全一致或相对一致的效果。其包括两方面内容。

（1）绝对统一：指将所有完全一致的设计构成元素组合，形成统一效果，呈现出绝对有序的排列效果。

（2）相对统一：指将所有基本相似但又有不同差别的设计构成元素组合，形成整齐有序但有变化统一的艺术效果。

在进行纺织服装面料再造设计的时候，设计师通常运用变化法则将设计元素不同的组织相结合，在统一法则的基础上形成对比和差异的效果。其主要包括两方面内容：

（1）从属变化：指在规定前提或范围内的变化，它会给人带来活泼、律动的艺术效果。

（2）对比变化：指将对比元素并置，强调冲突性和跳跃性的艺术效果。

由此可见，设计师必须遵循两方面原则：第一是以统一为前提，在统一中求变化；第二是以变化为主体，在变化中找统一（图 3-24）。

在采用变化统一法则进行纺织服装面料再造设计的时候，我们首先要明确服装是统一的前提，再造设计是变化的主体，统一与变化的关系不仅仅在面料再造设计中体现，还应该从服装的整体效果出发。

二、材料色彩运用法则

纺织服装面料再设计的色彩是面料美感的重要元素之一，设计师在设计构思的时候，必须考虑其实用性、艺术性以及创新性，只有真正契合人们的需求，才能带给人美的享受。通常，纺织服装面料再造的色彩是通过选用的材料来体现的。不同的材料由于纤维组织

图 3-24　根据变化统一法则制作的面料再造设计作品局部

及内部结构、表面肌理、粗细、厚薄以及后期处理等的不同，所呈现出的视觉效果也会不同。即使采用同一色彩的材料也会由于纱线结构、织物组织的不同呈现出不同的视觉效果。因此，在进行纺织服装面料再设计时，设计师不仅要思考色相、明度、纯度、色彩面积、冷暖关系等变化手法，同时也要考虑同色不同材料及同材料不同色彩的变化效应。

（一）同色不同材料的运用

　　同色不同材料是指色彩相同但面料纤维组织结构完全不同的材料。这种材料表面所呈现出的视觉效果属于单一色相，不存在色与色之间的变化与对比。因此，设计师们在选用此类材料进行面料再设计的时候，往往会强调材料的肌理效果，通过凹凸、疏密、粗细、厚薄等的变化突出设计效果（图 3-25）。

图 3-25　同色不同材料制作的面料再造设计作品局部

（二）同材料不同色彩的运用

同材料不同色彩是指混色同材纤维材料的运用，通过两种或两种以上的不同色彩材料进行面料设计，呈现出色幻的视觉效果。由于色彩的丰富与变化，即使在再造设计肌理效果不突出的情况下，依然可以表达出面料的多样性（图3-26）。

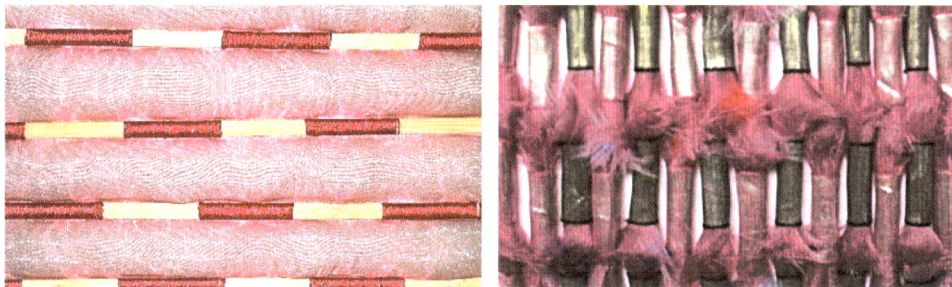

图3-26　同材料不同色彩制作的面料再造设计作品局部

三、不同肌理运用法则

肌理，又称质感，是指物体表面所呈现出的纹理。不同的材质由于其组织构造、排列叠加的不同，会产生完全不同的质感。纺织服装面料再造设计其实就是设计新的面料肌理，分视觉肌理和触觉肌理两个方面。

（一）视觉肌理

视觉作为人的生理现象，主要由人体器官眼球感知来作为依据，它是与眼睛、环境、物体及心理感受融为一体所形成的感知。通常人们对于肌理的感受首先是以视觉肌理为基础的，视觉肌理实际上是对大千世界一切万物的视觉效果描述。纺织服装面料再设计的视觉肌理主要是通过印染有色纱线织造或转印等方法在面料上产生各种新的纹饰，有写实图案和抽象图案等。视觉肌理的作用在于丰富纺织服装面料的表面装饰效果，强调花纹、图形、色彩等在面料上所产生的新的视觉效果，通过这些肌理效果带给人新颖的心理感受，加强设计师的设计特色与艺术感染力（图3-27、图3-28）。

（二）触觉肌理

触觉肌理是一种能够通过触觉来感受物体表面特性的形态，强调面料所呈现的立体效果。触觉肌理与视觉肌理最大的区别就是空间体感上的变化，触觉肌理呈现出凹凸不平、起伏不一的立体感，在触摸物体时能清晰地感受到其表面的质感特征。触觉肌理在纺织服装面料再造设计的应用中方法很多，有缩皱法、重叠法、添加法、编结法等。设计师通过触觉肌理再造，可以在空间上形成多种多样的肌理纹饰，有的细腻轻盈，有的狂放厚重，使原本单一的材质变得丰富多样，甚至化腐朽为神奇，因此，在当代的纺织服装面料再设计中应用广泛（图3-29、图3-30）。

　　无论是视觉肌理还是触觉肌理，它们的表现形式虽大相径庭，但在纺织服装面料再造设计中可以相互联系、相互作用。设计师可以根据设计需求，打破常态，不拘泥于视觉肌理还是触觉肌理，使两种肌理设计共同存在，丰富和完善作品特色。

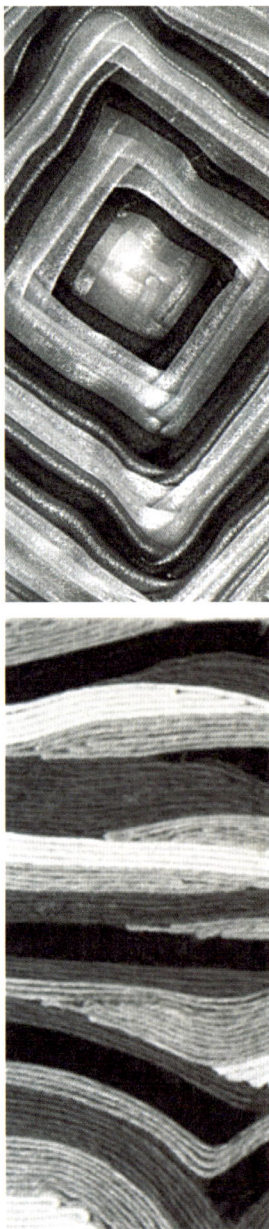

图3-27　根据视觉肌理法则制作的面料再造设计作品局部

图3-28　Elie Saab 品牌女装，突出视觉肌理

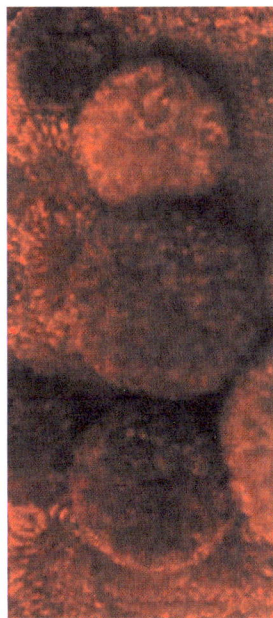

图 3-29　根据触觉肌理法则制作
的面料再造设计作品局部

图 3-30　Rahul Mishra 品牌女装，突出触觉肌理

第四节　纺织服装面料再造设计的构成形式

　　纺织服装面料再造设计的构成形式，包括点状构成、线状构成、面状构成以及综合构

成四个方面。设计师们不仅需要掌握好这些基本再造设计的形式，同时也需要做好再造部分与服装本身的协调。如果只是一味注重面料的再造设计环节而忽略服装本身的艺术效果，那将本末倒置，不可能创造出优秀的服装设计作品。因此，我们在掌握面料再造设计构成形式的同时，也要强调和突出再造部分与服装的整体效果。

一、点状构成

纺织服装面料再造设计的点状构成是指以局部小点为单位，全面或局部运用在服装上，构成再造变化。这种构成形式通常会给人带来活泼、跳动的感受。点的构成形式最为灵活多变，其构成方向、面积、大小、色彩、数量等因素不同，会传达出不同的视觉效果，设计师可以通过调节和改变这些因素来突出强调服装形式美效果（图3-31～图3-33）。

图3-31　点状构成面料再造设计作品局部

图3-32　Alexandre Vauthier 品牌女装，采用点状构成

图 3-33　Elie Saab 品牌女装，采用点状构成

二、线状构成

纺织服装面料再造设计的线状构成是指以条形或线形为单位，全面或局部运用在服装上，构成再造变化。这种构成形式通常具有较明显的方向性和延展性，会产生较为强烈的律动效果。线状构成的表现形式多样，有直线、曲线、斜线、折线、虚线、实线等。在面料再造设计的时候，不同的线因其长短、粗细、方向、数量、色彩等因素的不同，会给人带来完全不同的视觉效果，设计师们可以根据线状构成的特点，在服装的不同部位进行再造，从而进一步调节和改善人体曲线，最终达到理想的设计要求（图3-34 ～图3-36）。

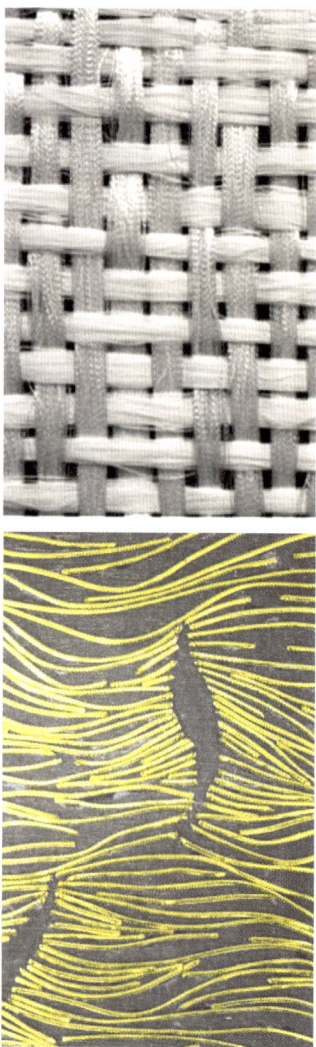

图3-34 线状构成面料再造设计作品局部

图3-35 Yanina Couture 品牌女装，采用线状构成

图 3-36　Iris van Herpen 品牌女装，采用线状构成

三、面状构成

纺织服装面料再造设计的面状构成是指以点状构成或线状构成的扩张、聚集为单位，全面或局部运用在服装上，构成再造变化。这种构成形式通常具有较强的张力，应用较为广泛。面状构成的表现形式通常有几何形和自由形两种，几何形相对中规中矩，自由形较之显得轻松、随意。设计师在采用面状构成的时候需要注意其面料再造的虚实，避免视觉上的呆板（图 3-37 ~ 图 3-39）。

图 3-37　面状构成面料再造设计
作品局部

图 3-38　Yanina Couture 品牌女装，采用面状构成

图 3-39　Elie Saab 品牌女装，采用面状构成

四、综合构成

纺织服装面料再造设计的综合构成是指不拘泥任何单位构成形式，将各设计单位全面或局部运用在服装上，构成再造变化。这种构成形式产生的视觉变化较为灵活、多变，可以呈现舒缓、雅致的温婉情调，也可以突出奔放、热烈的动感节奏。设计师们应该利用好这一构成形式，丰富服装的艺术效果（图 3-40 ~图 3-42）。

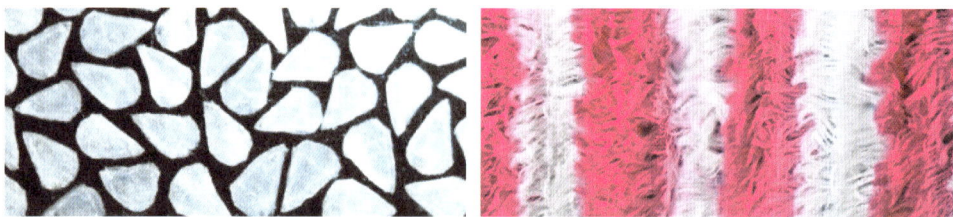

图 3-40 综合构成面料再造设计作品局部

图 3-41 Rami Al Ali 品牌女装，采用综合构成

图 3-42 Rahul Mishra 品牌女装，采用综合构成

课后习题

1. 论述纺织服装面料再造设计的设计原则。

2. 概述纺织服装面料再造设计的美学法则。

3. 简述纺织服装面料再造设计不同肌理的运用原则。

4. 结合纺织服装面料再造设计的设计法则，构思、绘制草图 20 幅，并从草图中选择 5 幅进行实物再造。

第四章 ▶

纺织服装面料再造设计的构想与表现

学习目标　了解纺织服装面料再造设计的特点与形式。

学习难点　掌握面料再造设计的表现方法。

　　纺织服装面料再造设计的创造构想和表现形式，必须建立在设计师对各种材料的物理性能和化学性能的充分了解与认识上。同时，设计师还需要熟悉各种纺织服装制作流程和工艺手段。只有深入研究和掌握了这些内容，才能更好地将这些工艺与材料相结合并运用到纺织服装面料的再造设计中。从单一走向多元、从单轨走向多轨，是现代国际纺织服装设计的理念，强化和拓展新的再造面料效果和艺术冲击力是设计师未来的设计目标（图4-1）。

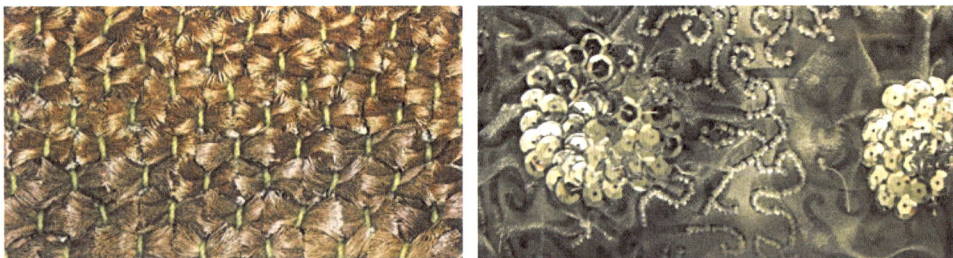

图4-1　纺织服装面料再造设计作品局部

第一节　创作灵感来源

　　灵感是指一种忽然之间无意识中所形成的某种想法，属于爆发式、即兴式的状态。纺织服装面料再造设计的灵感可以源于世间万物，也是一切创作出现的驱动力。所有灵感的产生都有迹可循，它们发生在宇宙间的方方面面。当然，也有少部分完全虚拟的存在，但大多数都源于生活。设计师可以根据自己对周边事物的观察和思考，提炼出创作素材，通过各种不同的面料再造工艺方法，实现最佳的艺术效果。

一、自然环境的灵感来源

　　大自然有无数形态各异的元素存在，它为人们的艺术创作提供了数不胜数的灵感素材，每一种元素都可以幻化出不同组织构架的新物质，为纺织服装面料再造设计的创作提供灵感来源。例如大海，从物质元素出发可以引申出浪花、岩石、沙滩、贝壳、鱼群、植物等；从色彩元素出发可以引申出蓝色、白色、黄色、金色、红色、绿色等。又如动物，从物质元素出发可以引申出兽类、禽类、鱼类、虫类等；从色彩元素出发可以引申出黑色、灰色、白色、黄色、绿色、蓝色、红色等。自然界中存在的点点滴滴，无论是具象的还是抽象的物质，无论活的还是死的物质，无论广阔的还是密集的物质，都可以成为我们创作的灵感来源（图4-2）。

图 4-2　Yuima Nakazato 品牌女装

　　在日常生活中，我们身边看似普通的东西，其实也可以是很好的素材。例如，水的波纹、揉皱的纸巾、凹凸不平的被子、散落的树叶、错落的光影、斑驳的墙面……都蕴藏了可以进行面料再造设计的素材。只要设计师认真捕捉和归纳，一定可以在任何环节寻找出有用的灵感来源（图 4-3）。

图 4-3　纺织服装面料再造设计作品局部

二、艺术形式的灵感来源

纺织服装面料再造设计与许多的艺术如音乐、舞蹈、建筑、绘画、雕塑、摄影等的表现手法都有着不可分割的联系，可以相互影响、相互借鉴，吸收和接纳对方的精华，在互动中产生灵感。

绘画，是一门平面艺术，绘画者不仅可以在创作的过程中根据不同的手法和表现形式去塑造立体的、肌理的、精密的以及粗犷的艺术形态，也可以利用色块的大小、面积、数量，线条的长短、疏密、虚实等去强调画面所要呈现的主题。这正与纺织服装面料再造的设计原则如出一辙（图4-4、图4-5）。

图4-4　Zuhair Murad 品牌女装

图4-5　Imane Ayissi 品牌女装

建筑，是一个国家、一个地区人文风貌的最好反映，尤其是那些地标性建筑更是作为地域的直接代表，给人留下深刻的记忆，如中国的长城、意大利的圣彼得大教堂、希腊的帕特农神庙遗址等。各建筑体系又由各自不同的建筑构件组成，形成自己的独特风貌，如中国传统建筑体系主要以木制结构为主，那些层楼叠榭、丹楹刻桷、斗拱彩绘、高台翘檐等形象都将中国传统文化艺术完美地展现给世人。古今中外，这些建筑元素都可以作为设计师进行纺织服装面料再造设计的灵感来源。无论从建筑的形态、色彩等整体入手，还是从建筑的构件、纹饰等局部形式入手，采取各种面料的再造手段来进行设计，突出和强调建筑装饰的虚实、强弱效果（图4-6～图4-8）。

图4-6　Juana Martin 品牌女装

图4-7　Zuhair Murad 品牌女装

图 4-8 从建筑艺术获取灵感的面料再造设计作品局部

由此可见，接纳和吸收各门类艺术的表现形式，定能从中找寻到纺织服装面料再造设计的创作灵感。

三、传统文化的灵感来源

每个国家都有属于自己本民族的专属文化，这也可以为纺织服装面料再造设计提供非常广泛的灵感来源。就中国而言，中华民族具有极深厚的优秀传统文化，无论玉器、瓷器、剪纸、雕刻等，都在世界上享有非常高的声誉。这些传统文化元素也可以成为设计师进行纺织服装面料再造设计的灵感来源。

折纸，是一种将纸张上下、左右或正反折叠而形成各种不同形状的艺术形式，大约起源于公元 1 世纪或 2 世纪的中国，6 世纪时传入日本，随后由日本传往世界各地。日本著名服装设计师三宅一生的"一生褶"堪称纺织服装面料再造设计的典范，其灵感来源就是以传统折纸艺术为依据，提炼概括出的再造模式（图 4-9）。此外，世界许多著名设计师也非常喜欢用折纸的模式对面料进行再造设计，从而达到非常好的效果（图 4-10）。

图 4-9 Issey Miyake 品牌女装，灵感源于折纸艺术

剪纸，是指用剪刀或刻刀在纸张上剪刻花纹图案。在中国民间，尤其是农村地区，剪纸艺术具有普遍的群众性，广泛渗透于人民的生活中。剪纸艺术传承和蕴含了丰富的传统文化信息，具有非常高的社会价值。当今的服装设计界中有许多国内外大师都纷纷开始关注这一艺术体系，并在自己的作品中注入剪纸元素（图 4-11、图 4-12）。

图 4-11 从剪纸艺术获取灵感的面料再造设计

图 4-10 Giorgio Armani Prive 品牌女装，灵感源于折纸艺术

图 4-12 Zuhair Murad 品牌女装，灵感源于剪纸艺术

瓷器，是将瓷石、高岭土、石英石等经过塑坯、上色（或彩绘）、上釉、烧制等一系列环节，加工制作成的各式器物。瓷器是中华文明的瑰宝，其英文名词 CHINA，与我国国名英文翻译一致，可见其极具中国文化艺术的代表性。近年来，这一元素尤其是青花瓷，已成为国际、国内设计师们争相采用和吸收的热点，许多国际服装品牌推出了相关系列服装发布，获得了举世瞩目的轰动效应（图 4-13、图 4-14）。

图 4-13 从青花瓷艺术获取灵感的纺织服装
面料再造设计

图 4-14 从瓷器艺术获取灵感的面料再造设计

第二节 传统表现方法

纺织服装面料再造设计的表现方法，分为传统表现方法与创新表现方法两大类。下面先对传统表现方法进行梳理。

根据前面的介绍，已经获悉纺织服装的面料再造设计在我国很早就已被运用，在本书第一章中就有讲解，此处不再赘述。传统的面料再造设计方法有很多，包括：刺绣、编织、印花、缀珠、褶皱、扎染、手绘、蜡染、抽纱、镂空、贴花、绗缝、装饰线迹接缝、磨旧、砂洗等，极大地体现出中华民族长期以来对美的追求和工艺技术的精湛（图 4-15）。当今，在纺织服装设计界使用传统再造设计方法的案例非常多，由于篇幅所限，下面仅介绍几种富有代表性的传统的面料再造设计方法。

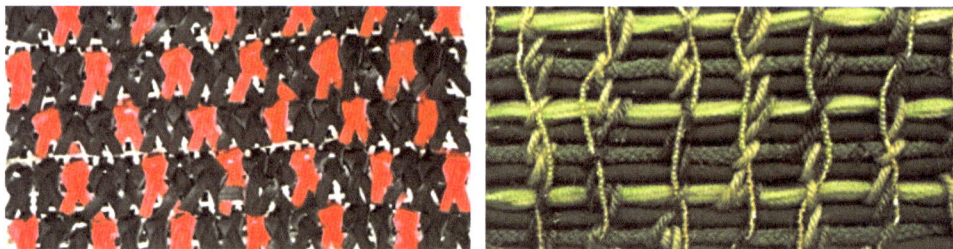

图 4-15 纺织服装面料传统再造设计——编织法

一、刺绣

刺绣，又称绣花、扎花，是中华民族最优秀的传统工艺美术门类之一。由于其历史传承广泛且久远，装饰效果与艺术表现力丰富多样，故自古以来就广受人们的喜爱与追捧，因此常常用"锦绣"一词来比喻美好的事物与感悟。但这里所描述的"锦"与"绣"不能相提并论，它们在工艺制造上有明显的不同。"锦"是将丝线通过织机织造，采用提花的方法织出面料。"绣"则是在已经织造成型的丝绸布帛上进行二次艺术加工，采用不同的绣线和刺绣方法，根据纹饰添加附缀出形象各异的图案。

传统的刺绣工艺种类繁多，有彩绣、包梗绣、贴布绣、镂空绣、钉线绣、钉珠绣、十字绣、抽纱绣、锁子绣、打子绣等。其中，彩绣又分平绣、条纹绣、点绣、网绣、编绣等。包梗绣是将比较粗实的线做芯或用棉花垫衬，使花纹凸起，再用锁边绣或缠针将芯线缠绕包绣在里面，突出纹饰的立体效果。通常，包梗绣用于表现延续不断的二方连续图案，适合应用于边缘装饰和面积较小的部位。贴布绣也叫补花绣，是将其他质感、色彩、图案不同的面料剪贴、缝绣在绣面上，也可以加垫棉花增加立体感。镂空绣也叫雕绣，是将图案剪透，在空洞中连接刺绣花纹，形成虚实相间的艺术特色（图 4-16）。钉线绣又叫盘梗绣、贴线绣，是将线绳、丝带等根据纹饰需求钉绣于面料，类似盘金绣。钉珠绣是将各种珠子、亮片等物质缝缀于面料。刺绣的手法多样，表现形式各异，极大地满足了面料再造设计艺术的丰富多样性。

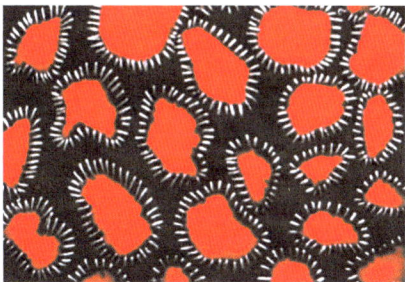

图 4-16 采用镂空绣与包梗绣相结合的面料再造设计作品局部

从市场上成衣制作的形式出发，刺绣又分为手绣、机绣和混合刺绣三种类型。手绣由于加工成本较高、制作时间较长等原因，故多用于中高档服装（图 4-17）。机绣通常以缝纫机、专用绣花机完成，由于其成本低、精度高、时间短等特点，常被用于大批量加工生产。混合刺绣是将机绣与手绣相结合，大部分图案用机绣完成，个别需要突出的地方再采用手绣加以升华。这既有效地降低了加工成本、制作时间的问题，又精细化了服装效果。

当代服装界用刺绣这种手法进行纺织服装面料再造设计的成衣占比极大，刺绣有着举足轻重的地位。尤其近几年，一些设计师打破传统形态，将刺绣工艺与其他再造形式相结合，运用于各式面料，呈现出异于常态的新的艺术面貌（图 4-18）。例如在平面刺绣出的图案上进一步添加珠片、裘皮，甚至羽毛等，突出和夸张纹路的装饰性，使纺织服装面料整体更加立体、更有层次（图 4-19）。

图 4-17　面料再造设计的传统
表现方法——手工刺绣

图 4-18　运用刺绣方法完成的
面料再造设计作品局部

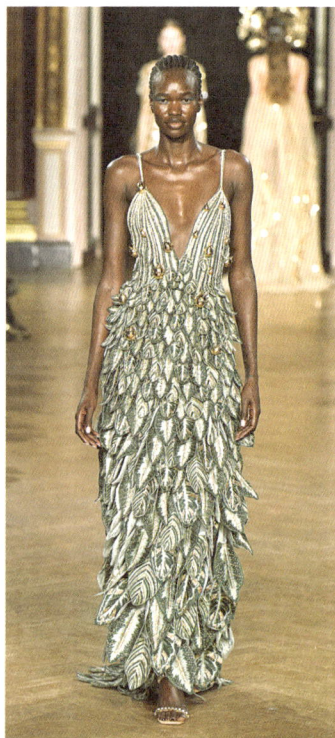

图 4-19　Rahul Mishra 品牌女装，刺绣工艺

二、印花

印花，是指直接在成品面料上进行二次印染处理，较为直接和简便，通常有直接印花、防染印花、拔染印花、转移印花和数码印花五大类。

（一）直接印花

直接印花，是指通过运用处理好图案的圆网、丝网版、轴筒、转印纸等设备，根据设计需要将印染颜料直接转移压印在织好的白色或浅色面料上，以获取纹样。由于其表现力强、工艺简便，因此是现代面料制作加工应用最为广泛的方式之一。许多世界著名设计师为防止设计泄密，确保唯一性，通常都有自己的面料印花设备（Fabric Front Line），以方便根据需求小批量加工制作特殊面料（图4-20）。

图4-20 Jean Paul Gaultier 品牌女装，直接印花工艺

（二）防染印花

防染印花，是指在染色过程中运用各种防染手段在染色后提取纹饰的一种传统印花模式，有版印、扎染、蜡染、夹染等。防染印花的方法流传久远，是我国传统印染模式，至今仍广为使用。

1. 版印

根据需要雕刻花版，将豆面和石灰制作的防染剂刮印在花版上，用以防染，放干后置于染料中浸泡，上色后除去防染剂，呈现出所需花纹。通常采用版印模式印花的面料由于受花板尺寸大小的限制，布的幅宽都较为窄短。

2. 扎染

用针缝、捆绑等方法将面料扎紧，置于染料中浸泡，上色后打开原来扎紧的面料，呈现出所需的花纹。通常采用扎染模式印花的面料，其捆扎的方法不同所呈现的图案也各具特色，一般较为抽象、朦胧，偶然天成的情况较多，因此不可复制（图4-21、图4-22）。

扎染的染色可分为单色和多色两种。单色扎染是捆扎好面料，经过一次染色取出成型。多色扎染是根据设计需求，将面料反复捆扎和染色，取出成型。

图4-21 Juana Martin 品牌女装，扎染工艺

图 4-22　运用扎染工艺完成的面料再造设计作品局部

扎染的方法有很多种，其中常用的有三种——缝扎、撮扎、折叠。

（1）缝扎：用针线沿图案边缘绗缝，抽紧并扎牢缝合线，染色后打开面料即可呈现花纹。

（2）撮扎：提起面料需要产生花纹的部位，将面料的一小撮用线绳间隔距离扎紧，染色后打开面料即可呈现花纹。

（3）折叠：将面料像折纸般进行折叠，用针线缝合抽紧，染色后打开面料即可呈现花纹。

3. 蜡染

通过特制的铜刀、蜡笔、蜡壶或毛笔等工具将熔化的石蜡、蜂蜡或木蜡，根据所需图案绘制于面料上，冷却后置于染料中浸泡，拿出脱蜡，即可获取所需纹饰。脱蜡的方法较多，通常使用的是手工掰蜡或热熔脱蜡两种。由于蜡质本身较为薄脆，在染色时经常会出现裂痕，这也就形成了蜡染最具特色的"冰裂纹"。

4. 夹染

将面料夹于两块板子之间，压紧捆绑，置于染料中浸泡，打开花版即可获取图案。通常，受防染板材的限制，其面料的幅宽较小，纹饰呈对称形态。夹染印花通常所用的花版有三种——凸雕花版、镂空花版、平版。

（三）拔染印花

在染好的面料上根据所需涂抹拔染剂，用以去除之前染过的颜色，显现面料最初的本色。如果需要，也可在拔染后的面料上再进一步点染其他色彩，增加层次性。

（四）转移印花

转移印花，是将绘制好图案的转印纸放在面料所需的部位，通过高温和压力将花纹转印在面料上，其花纹细腻、图案清晰。转移印花是一种较为简单便捷的印花模式。

（五）数码印花

近年来随着印染水平和计算机科技的不断发展，数码印花技术也应运而生，它推动了原有设计理念与设计模式的迅速改变和调整。数码印花是将印染技术与计算机相结合，可以进行 2 万多种颜色的高精密图案印制，极大地改善和提高了传统印花技术所不能达到的速度与精密度。设计师可以通过数码技术将所需图案花纹、肌理甚至照片等直接喷绘在面料上，形成多元风格特色的面料效果（图 4-23）。

图 4-23　Yanina Couture 品牌女装，数码印花工艺

三、手绘

手绘的方法流传甚远，在中国古代被称为"画花"，即用笔蘸着颜料或染料将所需图案直接绘制在面料上，形成新的面料状态。其特点是操作简便、自由，不受花型、材料、套色、工具、尺幅等影响，这使设计师的设计构思与艺术表现更为自由，但对绘画者的绘画技巧要求较高，否则很难达到理想的艺术效果（图 4-24）。常用手绘染料包括：印花色浆、染料色水、各种涂料等；常用工具有：毛笔、排刷、喷笔、刮刀等。在手绘时，也可以在绘画颜料中加入沙粒、金粉、花瓣、丝网等材料，使图案形成新的肌理效果（图 4-25）。

图 4-24　Yuima Nakazato 品牌女装，手绘图案

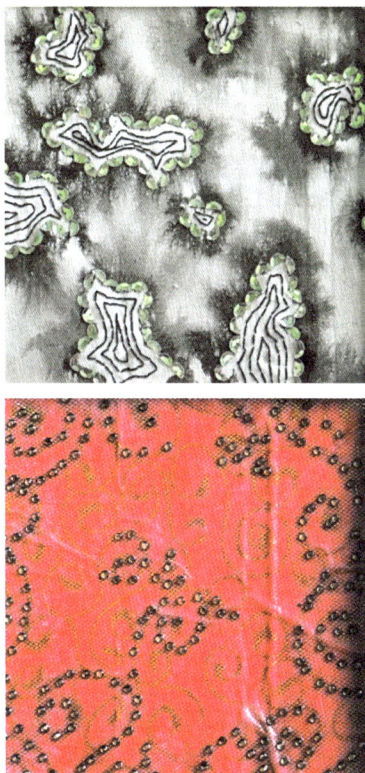

图 4-25　运用手绘方法完成的面料再造设计作品局部

四、绗缝

绗缝，是将两片或多片面材之间加入填充物后再缝合连接，形成较为厚实挺括的面料。这种面料通常会产生富于起伏变化的浮雕般形象效果，同时还有非常好的保暖性（图 4-26、图 4-27）。因此，绗缝兼具了实用和装饰两个层面的作用。

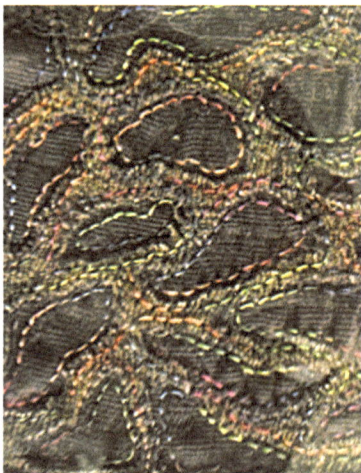

图 4-26　运用绗缝工艺完成的面料再造设计
作品局部

图 4-27　Yuima Nakazato 品牌男装，绗缝工艺

五、褶皱

褶皱在纺织服装面料再造设计中应用非常广泛，是将织物缩褶叠皱的装饰手段。选用不同材料、方法制作褶皱，会产生完全不同的再造效果。通常所采用的方法有直线褶皱、曲线褶皱、紧密褶皱、松散褶皱、规矩型褶皱和不规矩型褶皱等（图 4-28、图 4-29）。另外，为使褶皱的造型更为具有特色，还有裥饰缝与细裥缝两种形式。

（一）裥饰缝

裥饰缝是将织物的阴褶、顺风裥整齐排列，以一定的间隔缉缝，横向用明线来固定褶裥，然后在横线之间重新折叠缝裥，使面料褶痕竖起，从而产生褶裥造型的变化（图 4-30、图 4-31）。

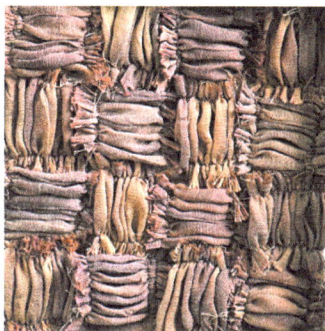

图 4-28 运用褶皱工艺完成的面料再造
设计作品局部

图 4-29 Rami Al Ali 品牌女装，褶皱工艺

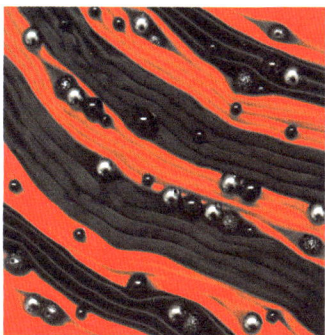

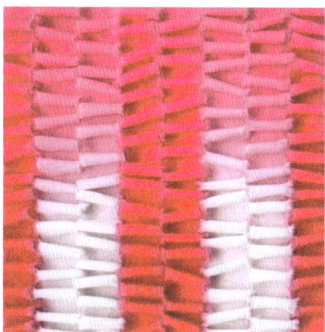

图 4-30 运用裥饰缝工艺完成的面料再
造设计作品局部

图 4-31 Rami Al Ali 品牌女装，裥饰缝工艺

（二）细褶缝

细褶缝是在较为薄软的织物上以一定的间隔，分别从面料的反面及正面捏出褶皱，形成凹凸有致的肌理效果（图4-32、图4-33）。

图4-32 运用细褶缝工艺完成的面料再造设计作品局部

图4-33 Rami Al Ali 品牌女装，细褶缝工艺

六、装饰线迹接缝

装饰线迹接缝是指将面料修剪成所需大小相等或不等的块面，再用绣线将这些块面依次拼接，形成所需形态（图4-34）。中国明代女子广泛流行的"水田衣"就是用这种工艺缝制而成的典范（图4-35）。

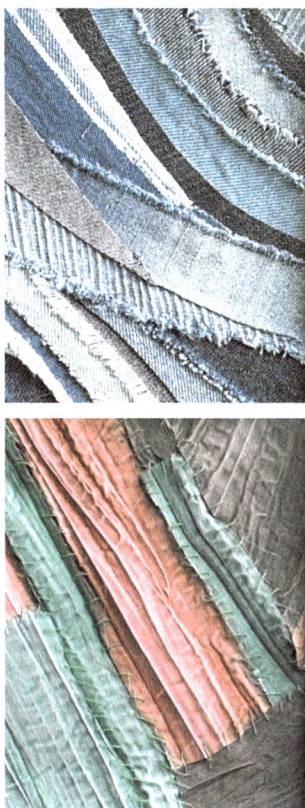

图 4-34　运用装饰线迹接缝工艺完成
的面料再造设计作品局部

图 4-35　水田衣（选自《中国古代服饰
研究》）

七、编织

编织是纺织服装面料再造设计中非常大的一个门类，有手工编织与机器编织，广义
上包含针织、编结、钩编等。编结就是将细长的纤维材料用不同的编织方式相互交错
或勾连进行工艺组合，从而产生各种疏密相异、凹凸不平的全新肌理面料（图 4-36、
图 4-37）。

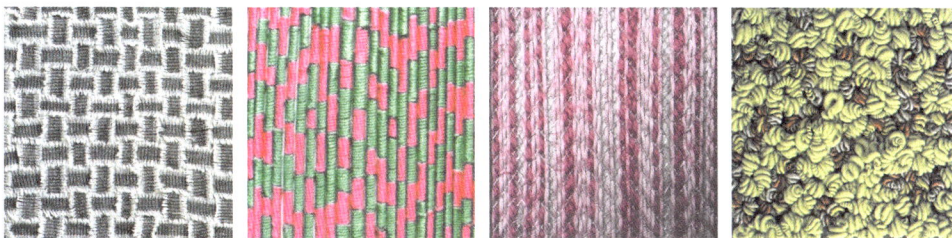

图 4-36　运用编织工艺完成的面料再造设计作品局部

图 4-37　Jean Paul Gaultier 品牌女装，编织工艺

第三节　创新表现方法

　　纺织服装面料再造设计的创新方法，是将现代设计理念与现代科技手段相结合，对面料进行再设计，使其更加突出地表达设计师的创新思路，强调时尚潮流与流行体系。当今层出不穷的创新方法深受当代设计师们的喜爱，他们在面料再造设计中自由驰骋，充分表达着自己的艺术语言与精神高度（图 4-38）。纺织服装面料再造设计的创新方法运

图 4-38　创新表现面料再造设计作品局部

用广泛，当今市场上国内外大量的面料产品都或多或少的与之相联系，具有强烈的时代特征（图4-39~图4-41）。具体的创新表现方法有以下四种。

图 4-39　Elie Saab 品牌创新披风

图 4-40　Imane Ayissi 品牌创新女装

图 4-41 Jean Paul Gaultier 品牌创新女装

一、材质的塑形设计

面料材质的塑形设计，通常指用不同的工艺手法改变面料材质原有的组织形态，形成崭新的立体效果或浮雕效果。其工艺手法是在不添加其他任何辅材的情况下进行压折、缩皱、堆积、压花、重叠等，通过塑形这一工艺手段来改变面料原有的表面肌理效果（图4-42）。许多著名服装品牌的设计作品就大量运用了这种方法（图4-43～图4-45）。

图 4-42　材质的塑形面料再造设计作品局部　　图 4-43　Jean Paul Gaultier 品牌女装，塑形设计

图 4-44　Iris van Herpen 品牌女装，塑形设计

图 4-45　Rahul Mishra 品牌女装，塑形设计

二、材质的减法设计

面料材质的减法设计，也称面料结构的破坏性设计，即用剪切、镂空、雕刻、撕扯、磨洗、抽纱、烧花、褪色等方法改变面料原有的组织结构，破坏其材质的表面特征，无论用化学方法还是物理方法，都是使纺织服装面料产生不完整的立体感，达到空透的残缺美效果（图 4-46）。16 世纪西方出现的切口手法就属于比较典型的材质减法设计。

图 4-46　材质的减法面料再造设计作品局部

　　运用减法做设计在 20 世纪 60～70 年代较为流行，一些前卫设计师常喜欢使用破坏性设计表达反传统理念。著名英国设计师"朋克之母"——韦斯特伍德（Vivienne Westwood）的设计作品就是把完整的衣料撕扯成洞眼或破条，打破常规审美标准，追求和探索新的设计风格。通常，这种嬉皮士服装、流浪汉式服装的破坏性设计风格的接受人群比较小众，但作为纺织服装面料再造设计的手法，却显示出较为独特的表现风格。

　　采用材质的减法设计进行再造处理时，在面料材质的选择上较为讲究，一般选择耐撕扯、不易脱散的面料进行加工处理，以确保纤维组织被剪切后不会松脱散乱（图 4-47、图 4-48）。

图 4-47　Vivienne Westwood 品牌男装，破坏性减法设计

图 4-48　Giorgio Armani Prive 女装，镂空的减法设计

三、材质的加法设计

面料材质的加法再造设计，一般是通过绣、缝、钉、黏合、热压、衬垫等方式，在现有的面料基础上添加不同辅材，形成新的富有体积感的肌理效果。添加的材料形式各异，可以根据自己的喜好和设计理念来选择。无论是相同的面料搭配不同的辅材，还是不同的面料搭配相同的辅材，所产生的艺术效果截然不同，形式变化极其丰富（图4-49~图4-51）。

图4-49　材质的加法面料再造设计作品局部

图4-50　Miss Sohee 品牌女装，加法设计

图 4-51　Rahul Mishra 品牌女装，加法设计

四、综合应用方法

纺织服装面料再造设计的综合应用方法，就是将上面我们所介绍的塑形设计、减法设计、加法设计等方法综合运用，根据设计理念自由组合，你中有我、我中有你地进行融合。这样的再造设计方法常常会给设计师带来意想不到的惊喜（图 4-52~ 图 4-54）。

图 4-52　材质的综合应用面料再造设计作品局部

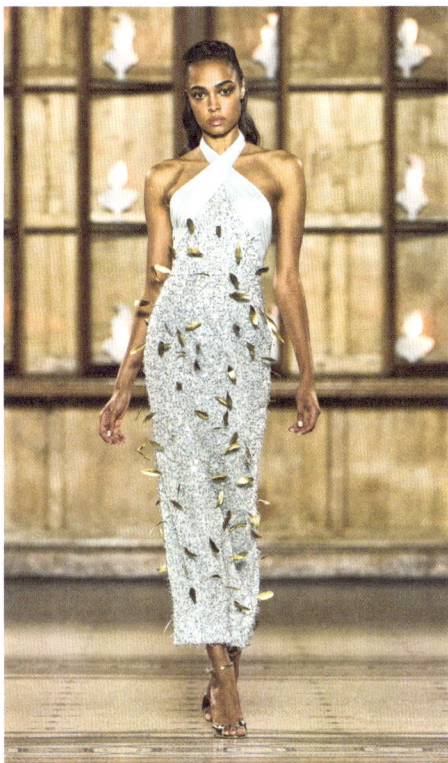

图 4-53　Rami Al Ali 女装，综合应用面料再造设计

图 4-54　Zuhair Murad 女装，综合应用面料再造设计

第四节　面料再造设计的其他应用

随着科学技术的不断发展与进步，人们的生活水平、审美意识等需求也在日益变化，特别是追求独特、新颖以及唯一性的精神层面需求更是主导着整个消费层面，无论大到城市景观、建筑设施、工业造型等，还是小到服饰、家纺、家居等，渗透于现代人生活的每个层级，点点滴滴反映出人们对个性化物质和产品的渴望与追求。

随着纺织服装面料再造设计的发展，其他纺织艺术领域也随之应用起来，在各自的领域呈现其独特魅力。

一、家用纺织品设计

家用纺织品设计在我国起步较晚，但随着技术与经济的提高，国人的生活方式发生了较为明显的变化，人们对于市场消费的定位与方向也发生了极大的改变，更多追求精神层面的审美需求成为国人的重要消费标尺。因此，家用纺织品设计方向也从生活实用必需品转向注重装饰性、个性化艺术与实用性相结合的层面发展，近几年更是异军突起，迅速扩张起来。

家用纺织品设计包括以下三个类别。

（一）家纺织物设计

家纺织物设计是家用纺织品基础设计环节的面料织物设计，决定了该产品用什么品种的材料。这些材料可以是平面的，也可以是富有肌理效果的。设计师可以根据环境需求、人体工学以及自身理念来进行调整，将平面与肌理相结合，产生出更为丰富的面料层次，突出艺术效果。

（二）家纺图案设计

家纺图案设计是家用纺织品的中间设计环节，决定了整个家用纺织品设计的风格与特色。其图案内容可以是具象的也可以是抽象的，图案形式可以是平面的也可以是立体的。以往，平面图案几乎占据整个家纺图案设计的全部内容，近年来，尤其是 21 世纪，以面料再造形式出现的家纺图案设计比重越来越大，由此可以看出，市场对面料再造设计的接受度与认可度也在日益增加。

（三）家纺产品造型设计

家纺产品造型设计是家用纺织品的最终设计环节，决定了家纺印花织物或再造织物适合做什么样的产品。但选择平面织物、平面图案与选择肌理织物、立体图案所达到的最终效果完全不同，设计师必须根据需求来设计产品造型，再根据物体的造型状态与使用范围去选择纺织面料。由此可见，这三者相辅相成、相互作用，共同构建起家用纺织品设计的整体理念。

在家用纺织品设计的这三个类别中,纺织服装面料再造设计能够起到非常关键的作用,无论触觉肌理或视觉肌理,其独特的艺术性是其他造型设计无法达到的,在增加艺术冲击力的同时,满足人们不同层次的审美需求。

家用纺织品的种类繁多,包括床品、地毯、窗帘、靠垫、布艺沙发、桌旗、桌布等。由于产品受使用范围及人体工学的限制,故设计师在创作的时候首先要考虑实用与美观的结合,不能一味地只追求美感而忽略了正常的生活需要。在进行面料再造设计时,可以将实用需求与艺术表达两方面相结合去创作,可以是整体再造,也可以是局部再造。再造方法多样,不同形式的再造会产生不同的再造效果(图 4-55、图 4-56)。

图 4-55 家用纺织品设计(卧室)

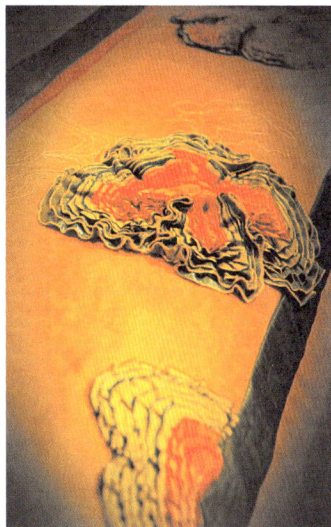

图 4-56 家用纺织品设计(床笠)

二、旅游纪念品设计

面料再造设计在旅游纪念品中的运用,主要是指各地区根据当地特色旅游项目,结合本土人文资源进行的具有代表性、纪念性以及收藏意义的相关纺织产品的艺术设计。这种类型的产品由于旅游这一特殊因素,在设计时必须注意以下两方面的因素。

(1)必须考虑纪念品体积是否合理、便于携带、轻盈易折等环节,否则会成为人们旅途中的累赘,不易在市场中流通。

(2)必须结合当地特色,挖掘地域文化,突出产品特殊性与唯一性。完善旅游衍生品的发展,避免与其他纪念品的设计雷同。

目前,传统的旅游纪念品设计已经使人们的审美逐步产生视觉疲劳,一些产品甚至被搁置、滞销。于是，一些设计师吸收了纺织服装面料再造设计的理念，开发本地区旅游纪念品的特色，尽可能突出唯一性与时代性，将多元素面料再造方法运用其中，提高和完善自己的设计品位与艺术层次。这不仅提高了该项目的供需状况，同时也改变了当前这一领域的设计模式（图4-57、图4-58）。

图 4-57　旅游纪念品设计（餐垫）

图 4-58　旅游纪念品设计（桌布）

三、室内装饰品设计

室内装饰品设计也叫软装饰设计，是指通过纺织面料的装饰形式对室内环境进行的设计。现代室内装饰品设计所涵盖的范围非常广，除家居室内装饰设计外，还包含宾馆、酒店、飞机、火车等一切与我们息息相关的物质内部空间放置的软织物设计。室内装饰品设计的表现形式多样，可以灵活运用面料再造设计的形式美法则、构思灵感、表现技法等。由于此项类别的设计通常偏重装饰性，因此设计师在进行创作的时候可以根据实际空间环境和使用范围来调整实用性与装饰性的占比，突出装饰性。但无论如何强调其装饰效果，室内装饰品设计的最终目的都与人们的现实生活紧密相连（图4-59、图4-60）。

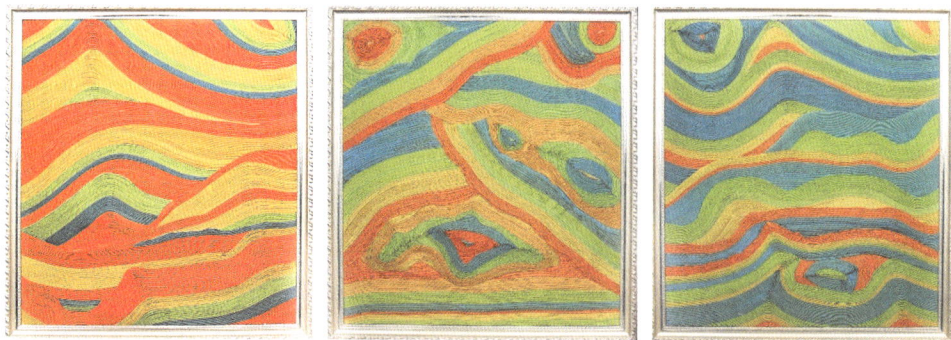

图 4-59　室内装饰品设计（酒店客房装饰画）

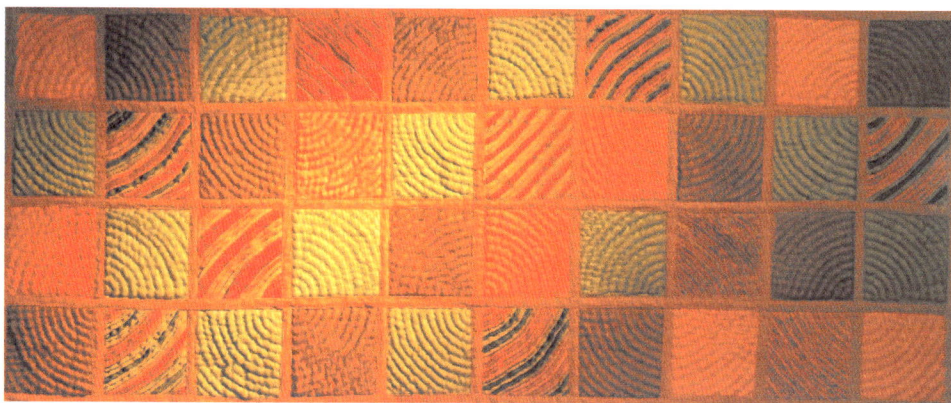

图 4-60　室内装饰品设计（壁毯）

课后习题

1. 概述纺织服装面料再造设计的表现方法。

2. 简述刺绣在面料再造设计中的运用形式。

3. 根据所有学习内容，结合个人的设计理念，设计并制作纺织服装面料再造设计作品 10 幅，尺寸 35cm×35cm。

4. 设计一件圆领 T 恤，面料再造设计的方法、材料、色彩不限。

参考文献

［1］邓美珍，张继荣，等.现代服装面料再造设计［M］.长沙：湖南人民出版社，2008.

［2］李晰.汉服论［M］.北京：文物出版社，2023.

［3］谷雨，郭大泽.恋恋植物染：与四季的美好相遇［M］.南宁：广西美术出版社，2016.

［4］高春明.中国历代服饰文物图典［M］.上海：上海辞书出版社，2018.

［5］孙晨阳.历代《舆服志》图释·后汉书卷［M］.上海：东华大学出版社，2023.

［6］管仲.诸子集成［M］.上海：上海书店出版社，1986.

［7］俞婷.考工记［M］.南京：江苏凤凰科学技术出版社，2016.

［8］沈从文.中国古代服饰研究［M］.香港：商务印书馆，1981.

［9］朱新予.中国丝绸史：专论［M］.北京：中国纺织出版社，1997.

［10］琼·娜.服饰时尚800年：1200—2000［M］.贺彤，译.桂林：广西师范大学出版社，
2004.

［11］刘楠楠，陈琛.服装面料再造设计方法与实践［M］.西安：西安交通大学出版社，
2018.

［12］王庆珍.纺织品设计的面料再造［M］.重庆：西南师范大学出版社，2007.

［13］梁惠娥.服装面料艺术再造［M］.3版.北京：中国纺织出版社有限公司，2022.

［14］濮微.服装面料与辅料［M］.北京：中国纺织出版社，1998.